【青少年国防科技知识普及丛书】

Encyclopedia of National Defence Technology for Children

造福人类——航天应用篇

畲田 主编

西北工業大學出版社

【青少年国防科技知识普及丛书】

编写委员会

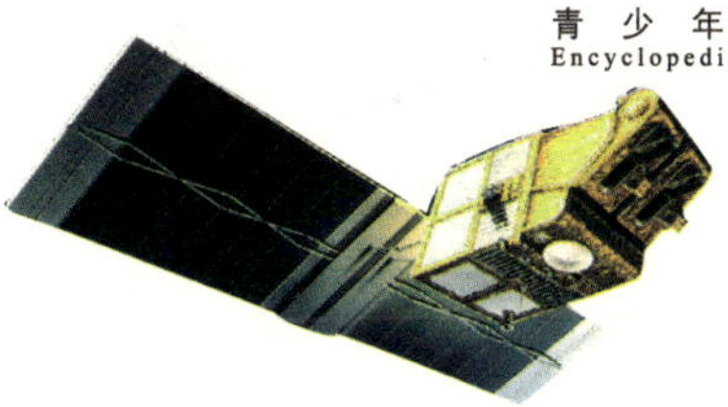

总序

PREFACE

国防科学技术实力和发展水平是一个国家综合国力的核心组成部分，体现了一个国家科学技术的最高水平，是国民经济发展和科技进步的重要推动力量。纵观历史长河，中国的科学技术曾领先于世界，四大发明更是享誉全球，推动了人类的文明和进步。新中国成立以来，国防科技事业从小到大，从弱到强，从简单仿制到自主研发，从推动生产力持续发展到问鼎世界尖端科技，“两弹一星”“神舟飞天”等一大批壮国威、振民心、长志气的重大科技进步成果，不仅奠定了我国在国际上的地位，而且成为中华民族自强不息和铸就新世纪更大辉煌的时代标志。

《青少年国防科技知识普及丛书》讲述了人类对国防科技的探索历程，旨在让国民尤其是青少年读者不忘前辈探索的艰辛，学习和运用先进的国防科技知识，增强自身的科技创新意识，提高创新能力，在更高的起点上为祖国国防事业作出更大的贡献。

在庆祝中华人民共和国建国 60 周年之际，《青少年国防科技知识普及丛书》即将出版，她是我们献给新中国 60 岁生日的一份厚礼！

少年智则国智，少年强则国强，愿更多的青少年树立献身国防的鸿鹄之志，为伟大祖国筑起铁壁铜墙！

于 2009 年国庆前夕

目录

CONTENTS

航天与生活

航天技术作为20世纪最伟大的技术进步之一，在人类向宇宙探索的道路上创造了一幕幕光辉灿烂的历史。空间技术的每一次重大突破，都会引发生产力的深刻变革和人类社会的巨大进步。现在，航天技术已经从一个过去只能想象的领域，悄悄走进了我们的现实生活。

“太空食品”

我们平常所吃的方便面中有个蔬菜包，里面装的就是经过处理的脱水蔬菜。蔬菜脱水、复水技术正是20世纪60年代为航天员在太空中的饮食而开发的。通过航天育种，人们已经在地面培植出60多个作物品种，太空青椒、太空番茄已走上了普通百姓的餐桌。

科学家在研制宇宙飞船的同时，也要研究制造太空食品。

卫星导航

车载GPS导航定位系统，让我们有了实时的电子地图。无论天气是否恶劣、位置是否偏远，卫星导航系统都能够为全球车辆、船舶和飞机提供高精度的导航服务。我国正在建设中的“北斗”导航定位系统，为汶川抗震救灾提供了有力的支援。

只有正确的电子引导才能更顺利地到达目的地。

通过通信卫星人们足不出户，就可以欣赏世界各地的美景。

收看电视节目

太空中的通信卫星，可以把远在欧洲的比赛送到我们眼前，作为应用最早、应用最广的卫星之一，通信卫星的成功发射，使得边远地区的人们也能够收到当天的电视信号了。

预知天气状况

1988年，我国发射了第一颗气象卫星——“风云”一号，从此，看卫星云图、听天气预报成为了人们的一项日常功课。随着卫星性能与观测手段的不断完善，气象预报越来越精确。北京2008年奥运会期间，甚至精确到了对某一场馆、某一时段进行预报。

气象卫星是对大气层进行气象观测的人造卫星。它具有观测范围大，信息传输及时迅速、连续完整的特点，并能把云图等气象信息发给地面用户。

小航天员手册

在人类能够进入太空之前，美国航天局就建造了卫星，用来让人们观察外部空间的状况，后来，利用这种卫星技术，卫星电话应运而生。现在全球每天有200颗左右的通信卫星在运转。

火箭的作用

火箭是以热气流高速向后喷出，利用产生的反作用力向前运动的喷气推进装置。现代火箭可用做快速远距离运送工具，如作为发射人造卫星、载人飞船、空间站的运载工具以及其他飞行器的助推器等。

火箭的第一次亮相

公元1128年南宋政权建立后，南宋、金和蒙古频繁交战，各方都使用了火器。1161年11月，金国侵略中原时，南宋军队第一次使用了火箭武器——“霹雳炮”——重挫金军，这是人类历史上第一次在战场上使用火箭武器。

明朝的火龙出水是世界上最早的二级火箭。因为多从船上发射，故称“火龙出水”。

迅速发展

中国古代火箭技术传到欧洲之后，经改进，火箭曾被列为军队的装备。早期的火箭射程近、落点散布大，以后被火炮代替。第一次世界大战后，随着科学技术的不断进步，火箭武器得到迅速发展，并在第二次世界大战中发挥了威力。

齐奥尔科夫斯基提出了火箭公式，被誉为“宇宙航行第一公式”，这为宇宙航行奠定了理论基础。

小航天员手册

火箭自身携带燃烧剂与氧化剂，不依赖空气中的氧助燃，既可在大气中，又可在外层空间飞行。而其他各种喷气发动机仅须携带燃料，燃料燃烧所需的氧气取自空气中。所以，其他喷气发动机不能在地球大气层以外使用。

火箭技术的应用

现在，火箭武器和空间运载火箭技术发展迅速。各类导弹均已发展到相当完善的程度，已成为现代军队不可缺少的武器装备。此外，在地对地弹道导弹基础上发展起来的运载火箭，已广泛用于发射卫星、载人飞船和其他航天器等。

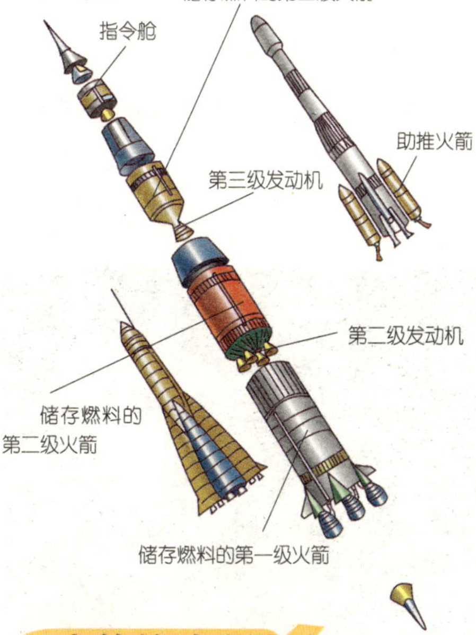

运载火箭

用于运载航天器的火箭叫做航天运载火箭。航天运载火箭一般由动力系统、控制系统和结构系统组成，有的还加遥测、安全自毁和其他附加系统。

1926年3月16日，在马萨诸塞州的奥本一处被冰雪覆盖的草原上，戈达德发射了人类历史上第一枚液体火箭，证明利用火箭进入太空是完全可行的。

火箭的动力

最初，火箭的动力来自于黑火药，黑火药在密闭容器里可以瞬间产生强大的爆发力，这就成为了火箭的推力源。现代火箭燃烧的是固体或液体的化学推进剂。推进剂燃烧产生热气，通过喷口向火箭后部喷出气流。

美国的肯尼迪航天中心是美国最大的航天器发射场，主要用于发射小轨道倾角的航天器。肯尼迪宇航中心有工作区、参观区，两者相距十多千米。

世界上第一颗卫星

人造地球卫星是无人航天器的一种，它环绕地球飞行。人造卫星是发射数量最多、用途最广、发展最快的航天器。1957 年 10 月 4 日，世界上第一颗人造卫星在苏联拜科努尔航天发射基地升空，人类从此步入太空时代。

卫星的结构

这颗卫星名为“人造地球卫星”1 号，外表呈球型，直径 58 厘米，重 83.6 千克，载有两部无线电发报机，通过安装在卫星表面的 4 个天线，不断把最简单的信号发射到地面。在密封的铝壳内安装有电池组、无线电发射机、热控制系统组件、转接元件、温度和压力传感器等。

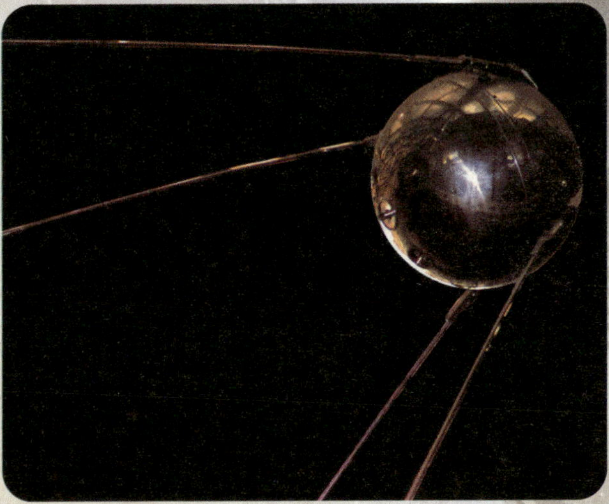

1957 年 10 月 4 日，世界上第一颗人造地球卫星在苏联发射成功，这标志着人类的活动疆域已经从陆地、海洋、大气层扩大到了宇宙空间，人类开始了利用航天器探索外层空间的新时代。

运行数据

第一颗人造卫星的设计和制造，主要是由苏联著名的火箭和宇航设计师科罗廖夫领导的实验设计局完成。卫星距地面的最大高度为 900 多千米，绕地球一周需 1 小时 35 分，92 天内共绕地球飞行了 1 400 圈，总航程 6 000 万千米。

谢尔盖·科罗廖夫(1906—1966 年)，生于乌克兰的一个教师家庭，早年从事飞机设计工作，后立志于火箭研究，被誉为载人航天的开创者。

卫星的探测项目

卫星的主要探测项目包括测量200～500千米高度的大气密度、压力、磁场、紫外线和X射线等数据。卫星还携带试验动物，用以考察动物对空间环境的适应能力。

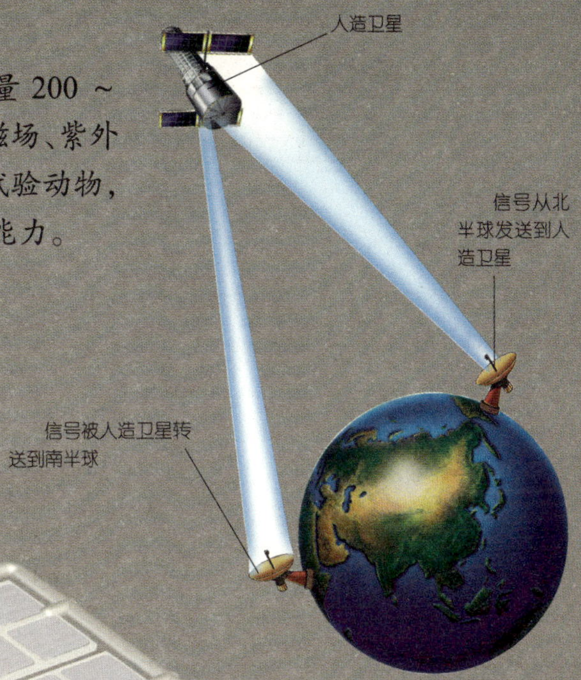

小航天员手册

轨道是卫星的道路，不同的卫星使用不同的轨道。人造卫星的运动轨道取决于卫星的任务要求，区分为低轨道、中高轨道、地球同步轨道、地球静止轨道、太阳同步轨道，大椭圆轨道和极轨道。

“卫星”号运载火箭

发射卫星用的运载火箭是用P–7(SS–6)洲际导弹改装的。经过改装的P–7定名为“卫星”号运载火箭，它全长29.167米，最大宽度10.3米，起飞重量267吨，这是当时世界上最大的运载火箭。

小狗“莱依卡”乘坐的“人造地球卫星”2号。

载人航天试验

继第一颗人造地球卫星发射后不久，1957年11月3日，为给载人航天预做试验，苏联又发射了第一颗载有名叫“莱依卡”的小狗乘坐的“人造地球卫星”2号人造地球卫星。

我国的第一颗卫星

1970年4月24日，我国第一颗人造卫星“东方红”一号在酒泉卫星发射中心成功发射，由此开创了中国航天史的新纪元，使中国成为继苏、美、法、日之后世界上第五个独立研制并发射人造地球卫星的国家。

运行数据

4月24日21时35分，“东方红”一号由“长征”一号运载火箭送入近地点439千米、远地点2 384千米、倾角68.5度的近地椭圆轨道。21时48分进入预定轨道，绕地球运行一周为114分钟。

← “长征”一号运载火箭把“东方红”一号送入轨道。

卫星的结构

“东方红”一号卫星为近似球形的72面体，质量173千克，直径约1米。外壳表面由按温度控制要求经过处理的铝合金为材料，球状的主体上共有4条两米多长的鞭状超短波天线，底部有连接运载火箭用的分离环。

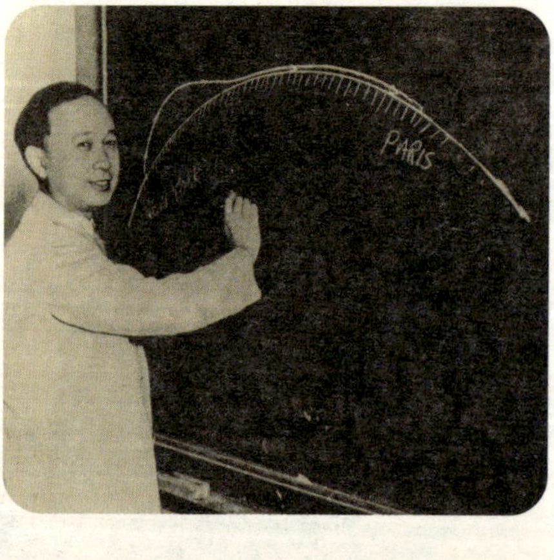

→ 中国研制“长征”一号的主要科学家钱学森。

卫星元勋

许多科研工作者在研制“东方红一号”卫星过程中付出艰辛的努力和无穷的智慧，其中有钱学森、钱骥、赵九章等著名科学家。

命名

“东方红”一号卫星因工程师在其上安装一台模拟演奏《东方红》乐曲的音乐仪器，并让地球上从电波中接收到这段音乐而命名。当时，《东方红》音乐的播放频率为20.009兆赫。

小航天员手册

我国发射的第一颗人造卫星“东方红”一号虽比苏联发射的第一颗人造卫星晚了13年，但它的质量超过了苏、美、法、日四个国家第一颗卫星质量的总和。“东方红一号”的发射成功，使中国的航天技术与世界航天技术前沿保持同步，标志着中国进入了航天时代。

主要任务

我国的第一颗卫星“东方红”一号。

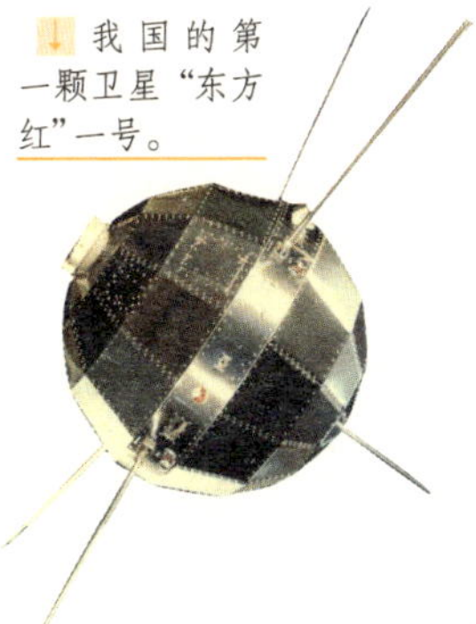

卫星上的仪器舱装有电源、测轨用的雷达应答机、雷达信标机、遥测装置、电子乐音发生器和发射机、科学试验仪器等，其主要任务是进行卫星技术试验，探测电离层和大气密度。

超期服役

“东方红”一号卫星的设计工作寿命为20天，但卫星升空后，星上各种仪器实际工作的时间远远超过了设计要求，“东方红”乐音装置和短波发射机连续工作了28天，取得了大量工程遥测参数，为后来卫星设计和研制工作提供了宝贵的依据和经验。

科学实验卫星

科学实验卫星是用于科学探测和技术试验的卫星。主要包括空间物理探测卫星、天文卫星、生物卫星、微重力试验卫星等。科学实验卫星使人们对宇宙有了更深的了解，为人类进入太空、利用太空提供了十分宝贵的资料。

卫星的用途

科学实验卫星根据用途不同可安装各种观测、分析、测量、试验等仪器，探测和研究高层大气、地球磁层、宇宙线、太阳辐射和极光等空间环境，观测研究太阳和其他天体，进行生物实验和微重力试验等。

“探险者”号实验卫星

美国发射的第一颗卫星“探险者”1号就是一颗科学实验卫星，以后“探险者”发展成一个科学卫星系列，它们主要用于探测地球大气层和电离层，测量地球高空磁场，测量太阳辐射、太阳风，探测行星际空间等。

← “探险者”1号的主要成果是首次发现地球辐射带，后来被人们称为范爱伦辐射带。这个辐射带内的高能带电粒子对载人空间飞行和卫星材料、仪器都有一定的危害性。

小航天员手册

天文卫星的轨道多数为圆形或近圆形，高度为几百千米，但一般不低于400千米。这是因为太阳系以外的天体离地球极远，再增加轨道高度也不能缩短相互间的距离，改善观测能力；而轨道太低时，大气密度增加，卫星也难以长时期运行。

“电子”号实验卫星

“电子”号卫星是苏联的科学卫星系列，星上装有高、低灵敏度的磁强计、低能粒子分析器、质子检测器、太阳X射线计数器以及研究宇宙辐射成分的仪器等。该系列卫星的主要任务是研究进入地球内、外辐射带的粒子以及相关的各种空间物理现象。

↑“实践”1号于1971年3月3日发射，在太空工作8年后于1979年6月17日陨落。

“实践”1号科学实验卫星

1971年3月3日，我国成功地发射了第一颗科学实验卫星“实践”1号。卫星重221千克，绕地球一周需106分钟。它用20 009兆赫和19 995兆赫的频率成功地向地面发回了各项科学实验数据，卫星上带有宇宙线、X射线、高磁场和轨道外热流探测器，使我国首次用卫星获取了空间物理数据。

↓“苏联伽马射线天文卫星。

天文卫星

天文卫星专门对各种天体和其他空间物质进行科学观测。天文卫星在离地面几百千米或更高的轨道上运行，由于没有大气层的阻挡，卫星上的仪器可以接收来自其他天体的各波段电磁波辐射，能够更好地观测宇宙空间。

“哈勃”望远镜

著名的“哈勃”太空望远镜，是目前最先进的空间望远镜，它的诞生就像16世纪伽利略望远镜出现一样，是天文学发展道路上的一个里程碑。它携带的电子照相机，可以拍摄下宇宙中微妙的景象，让人类更清楚地了解太空深处的秘密。

“哈勃”简介

1990年4月，美国航空航天局的“发现”号航天飞机将“哈勃”望远镜送入太空，从此，它就在离地球表面590千米的高空轨道上运行。“哈勃”望远镜的重量有11.6吨，光学透镜直径达2.4米，观测能力非常强大，相当于可以从华盛顿看到远在悉尼的一只发光的萤火虫。

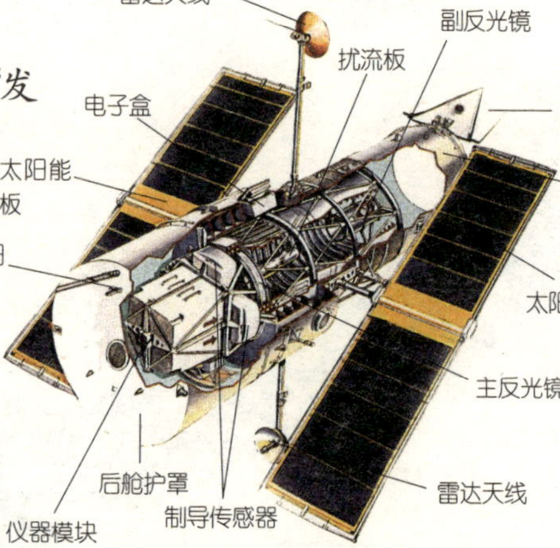

哈勃望远镜结构图。

“哈勃”的优势

宇宙中的天体辐射到地球的光线会被地球的大气层阻挡或折射，使望远镜接收到的天体影像模糊不清，而“哈勃”望远镜处在没有大气影响的太空轨道上，因此它拍摄的星空图片的质量要比地面上的大型望远镜拍摄的图片好得多。

“哈勃”望远镜拍摄到的蝌蚪星云。

小航天员手册

“哈勃”太空望远镜的构想可追溯到1946年，开始设计于20世纪70年代，建造及发射耗资超过20亿美元。在1980年初，望远镜被命为哈勃，以纪念在20世纪初期发现宇宙膨胀的美国天文学家爱德文·哈勃。

不断地维修

现在，“哈勃”太空望远镜已到“晚年”。它在太空工作的十几年中，经历了5次大修，分别为1993年、1997年、1999年、2001年和2009年。经过2009年的最后一次维护，“哈勃”太空望远镜有望工作至2014年。

← 尽管每次大修以后，“哈勃”都面貌一新，然而，大修仍掩盖不住它的“老态”，尽管人们仍对它恋恋不舍，但“哈勃”所剩时日不多，也许在今年或稍晚一些时候就会被换下“一线”。

硕果累累

“哈勃”太空望远镜服役的十几年来，对太空中的2.5万个天体拍摄了50多万张照片。科学家根据它的观测结果，撰写了7000多篇科学论文，这使“哈勃”太空望远镜成为人类制造的最高产的科学仪器之一。

↓ 哈勃望远镜拍摄到的银河系奇特行星状星云。

探索太阳

太阳是宇宙中一颗普通的恒星，但对于人类来说，光辉的太阳无疑是宇宙中最重要的天体。没有太阳，地球上就不可能有姿态万千的生命现象，当然也不会孕育出作为智能生物的人类。为了更好地利用太阳赐予人类的能量，人类向太阳派出了太阳探测器。

“太阳峰年”号探测器

在太阳活动高峰年的1980年2月4日，美国发射了“太阳峰年”号探测器。在长达9年的探测中，“太阳峰年”号探测器测出了太阳常数，观测到10颗彗星掠过太阳，1颗彗星和太阳相撞以及100次太阳耀斑的爆发等。

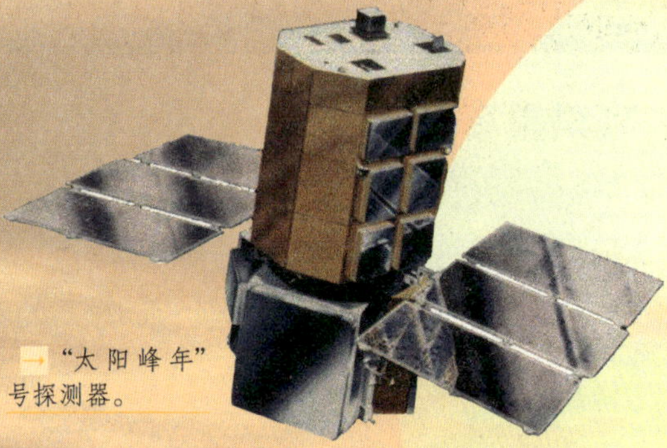

“太阳峰年”号探测器。

“尤利西斯”号太阳探测器

1990年10月6日，美国“发现”号航天飞机将“尤利西斯”号太阳探测器送入太空。它的任务是探测太阳两极及其巨大的磁场、宇宙射线、宇宙尘埃、γ射线、X射线、太阳风等。

“尤利西斯”号。

小航天员手册

从20世纪60年代以来，世界各国发射的许多科学观测卫星承担过观测太阳的任务。美国的“轨道”太阳观测站、“国际日地探险者”卫星等，苏联的“预报”号、“质子”号、“宇宙”号卫星等，都在近地轨道上观测、监视过太阳活动，对人们认识太阳作出了贡献。

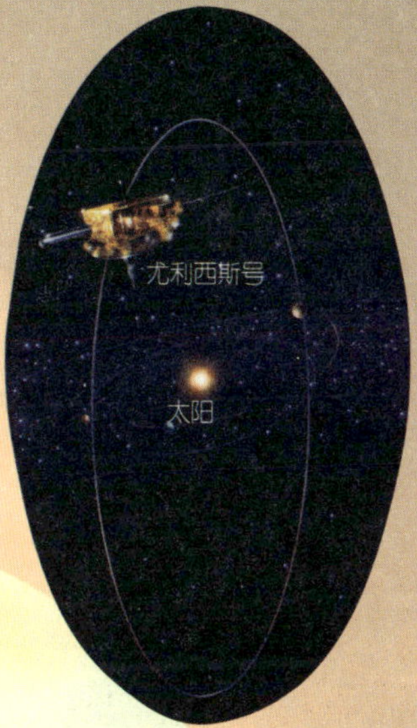

成果显著

通过研究“尤利西斯”号发回的数据，研究人员发现，太阳发出的太阳风有快、慢之分，不同纬度上太阳风的速度不同。除此之外，“尤利西斯”号还为研究人员提供了大量关于太阳磁场以及太阳表面活动情况的新信息。

← “尤利西斯”号于1994年8月飞抵太阳南极区域，开始环绕太阳运转。它在绕太阳飞行时，能够对太阳表面一览无余，全方位地观测太阳表面。

“风”号探测器

美国的“风”号探测器在1994年11月1日被发射升空，进入太阳和地球之间的运行轨道。它的主要任务是测量太阳风的质量、动力和能量，进一步搞清楚太阳风是如何到达地球周围的，为科学家研究太阳风提供了很多资料。

↑ “太阳和日球观测台”太阳探测器。

“太阳和日球观测台”

美国和欧洲合作研制的“太阳和日球观测台”太阳探测器在1995年12月2日升空，运行了8年多。在这期间，探测器多次死里逃生，同时也经历了太阳风暴的巨大考验，它提供的太阳测试数据，在预防和降低太阳风暴危害的工作中作出了巨大的贡献。

访问水星

在太阳系的八大行星中，水星是距离太阳最近的，因此，水星常常被猛烈的阳光淹没，因此望远镜很少能够仔细观察它。水星还是太阳系中运动速度最快的行星，它绕太阳一周只需 88 天。

“信使”号水星探测器

2004 年 8 月，“信使”号水星探测器在美国佛罗里达卡纳维拉尔角空军基地顺利升空。它由美国宇航局、卡内基学院以及约翰·霍普金斯大学共同研制，由“德尔塔”2 号火箭送入太空。它将在 2011 年 3 月进入预定轨道，对水星开始进行为期 1 年的探测工作。

↑ “水星在许多方面与月球相似，它的表面有许多陨石坑而且十分古老。

↓ “信使”号的任务是研究水星的环境与特性。“信使”号也是继“水手”10 号任务之后，人类首次探测水星的计划。

“信使”号如何工作

由于水星和地球相距有一段距离，所以“信使”号不可能一下就到达水星。它在去往水星的途中，将先绕地球、金星和水星飞行 7 年，然后才进入水星轨道，正式开始对水星的探测。它携带了包括摄像机、检测化学物质的质谱仪、了解磁场的磁力计等七种科学仪器。

“信使”号的成果

2008 年初，“信使”号飞越水星未知地表时拍到部分影像和资料，资料显示出水星表面有绵延数百千米的巨大悬崖，说明水星早期出现过断层活动，水星阴暗面还有陨石坑地形轮廓。通过资料，科学家还了解到水星上面曾经有火山活动。

“水手”10 号探测器拍摄到的水星图片。

“水手”10 号的探测结果

1973 年 11 月 3 日，美国发射了“水手”10 号探测器，飞越水星和金星是该探测器的设计目标。“水手”10 号总共飞掠过水星 3 次，发现水星拥有稀薄的大气层，主要是由氦所组成，而且还发现水星拥有磁场与巨大的铁质核心。辐射计显示水星的夜晚温度大约是－183°C，而白天温度可达 187°C。

小航天员手册

欧洲和日本联合研制的水星探测器叫做“贝皮科隆波”，欧洲空间局负责建造主航天器，日本宇航研究开发机构将提供一个次轨道器。该探测器计划于 2013 年下半年搭乘俄罗斯的“联盟”2 火箭发射升空，预计 2019 年抵达水星并进入轨道。

金星探测器

晴朗的夜晚，人们仰望星空时，看到的最亮的一颗星就是金星，也就是人们常说的“启明星”。金星是距离地球最近的行星，但是它却始终被一层浓重的云雾覆盖，使人类无法看清它的真面目。终于，人类派出的金星探测器一睹了它的“芳容”。

“金星”1号探测器

1961年2月12日，苏联发射了第一个金星探测器“金星”1号。这个探测器重643.5千克，装有两块太阳能电池板和一根直径2米的折叠式抛物面天线。可是它的无线电通信在距离地球756万千米时却中断了，所以当5月19日它从距金星10万千米的地方掠过时，地面就无法得到金星的探测信息。

“金星”1号探测器。

小航天员手册

有人说金星是地球的“孪生兄弟”，因为它们的质量和大小都很接近，外表也很相像。但是它的自转方向与地球相反，速度也很慢。地球自转一周需要大概24小时，可金星却需要243天。

“水手”号探测器

从1962年7月22日开始，美国先后发射了10个“水手”号金星探测器。其中最成功的要数1973年11月3日发射的“水手”10号，它不但对金星进行了探测，而且还借助金星的引力3次飞跃水星，对水星也进行了成功的探测。

这是美国宇航局的“水手”10号探测器1974年拍摄的金星照片，显示金星被浓厚的云层包围。

“金星”号系列的成果

“金星”9号和10号在金星表面各拍摄了一张金星全景照片。“金星”13号和14号拍回的四张金星表面照片是彩色的，人类由此得知金星表面覆盖着褐色的砂土，岩石结构像光滑的层状板块。“金星”15号和16号通过雷达对金星表面进行了综合考察。

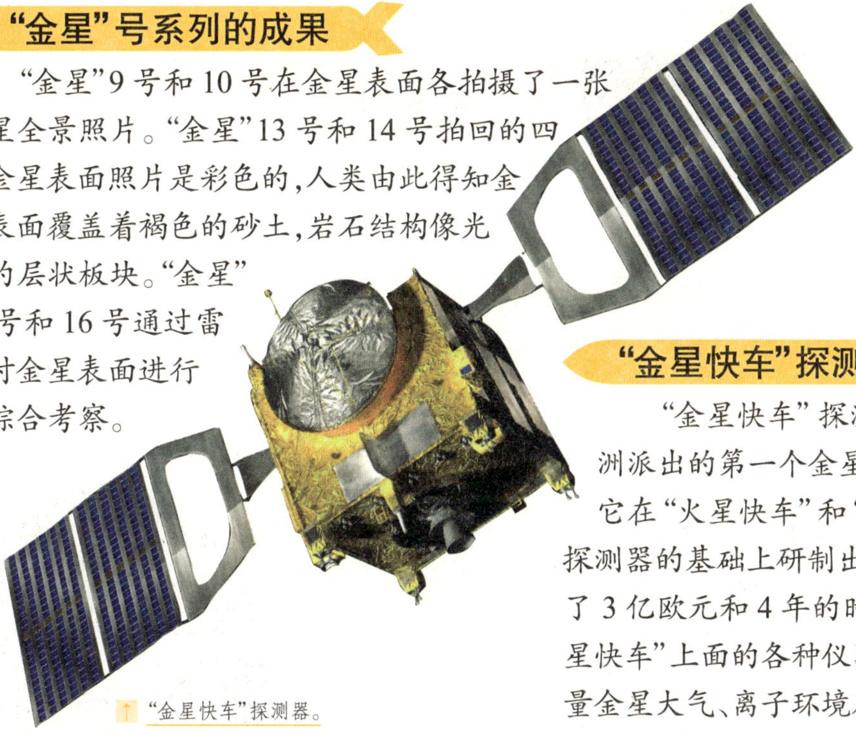

↑“金星快车”探测器。

“金星快车”探测器

“金星快车”探测器是欧洲派出的第一个金星探测器，它在“火星快车”和“罗赛塔”探测器的基础上研制出来，花费了3亿欧元和4年的时间。“金星快车”上面的各种仪器可以测量金星大气、离子环境及其与太阳风的相互作用等，帮助人们进一步了解金星。

“麦哲伦”号金星探测器

1989年5月5日，美国“亚特兰蒂斯”号航天飞机将“麦哲伦”号探测器带上太空，并在5月6日将它送上飞向金星的旅途，经过462天的太空飞行，“麦哲伦”号于1990年8月10日飞临金星。每隔40分钟它就会把测得的数据和拍摄的照片传回地球一次。

↓这是根据麦哲伦探测器发回的数据模拟而成的金星表面高3 000米的火山。

登陆火星

火星表面布满了遭陨石撞击留下的“伤疤”，纵横交错的干涸的河床是火星特有的地貌。人类自从进入航天时代，已经向火星发射了 30 多个各类探测器。2009 年 10 月，中国也将发射“萤火”一号火星探测器，加入探测火星的队伍。

最初的探测

1962 年 11 月，苏联发射的“火星”1 号探测器在飞离地球 1 亿千米时与地面失去联系，从此下落不明，它被看做是火星探测的开端。1965 年 7 月，美国的“水手”4 号飞近火星，从距火星 1 万千米处拍摄 21 张照片，发现火星上存在大量环形山，大气密度只有地球的 1%。

“火星”1 号探测器。

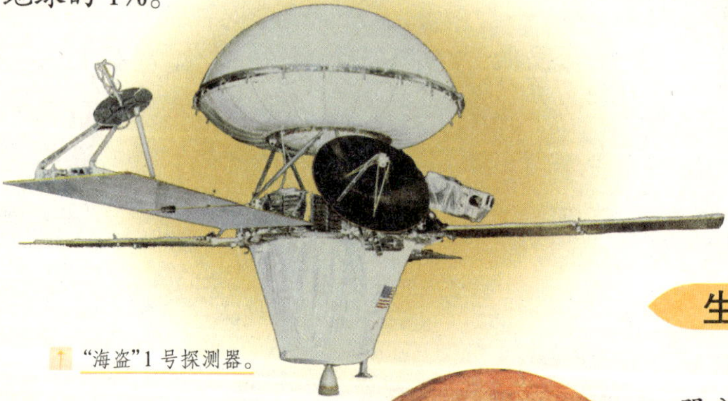

“海盗”1 号探测器。

生命的探索

“海盗”1 号和 2 号探测器分别于 1976 年 7 月 20 日和 9 月 3 日在火星表面软着陆成功，它们分别在火星上工作了 6 年和 3 年，共发回 5 万多幅清晰的火星照片。经过 4 次探测，它们推翻了存在火星人的推测。

“海盗”号拍摄的第一张火星照片。

为移居火星而进行的探测

1992年9月25日，“火星观察者”号探测器发射成功。它的任务是绘制整个火星表面图，预告火星气候，测量火星各种数据，进一步揭示火星上有无处于原始阶段的生命现象，为未来人类移居火星探寻道路。

小航天员手册

2003年7月7日，“机遇”号火星车发射升空。“机遇”号是“勇气”号的孪生探测器，它在2004年1月25日在火星着陆，随后开始探测工作。

← “火星观察者”号探测器。

“火星拓荒者”号

1997年7月4日，美国的“火星拓荒者”号太空船降落在了火星表面。它的任务就是搜集火星表面的数据，拍摄火星照片并且将其传回地球。“火星拓荒者”的成功登陆，也为日后登陆太空船和探测车的设计作出了重要贡献。

“勇气”号

2003年6月10日，携带“勇气”号火星车的美国“火星探测流浪者”号探测器发射升空。2004年1月4日，“勇气”号火星车在火星成功着陆，开始进行探测。“勇气”号第一次找到火星上曾有水存在的证据。

↓ “勇气”号探索火星模拟图。

揭秘木星

木星是太阳系八大行星中一颗平凡的行星，但是，木星的卫星却让科学家兴趣盎然。迄今为止，人们发现了木星共有16颗卫星，这些卫星连同木星一起，组成了一个庞大的系统。为了更好地探测木星及其卫星，人类发射了一系列探测器。

“先驱者”系列探测器

“先驱者”10号探测到木星规模宏大的磁层，研究了木星大气，送回300多幅木星云层和木星卫星的彩色电视图像。“先驱者”11号送回有关木星磁场、辐射带、重力、温度、大气结构以及4颗大卫星的情况。

“先驱者”10号成为第一个研究土星的探测器。

“旅行者”1号探测器最初的目标主要是探测木星与土星及其卫星。

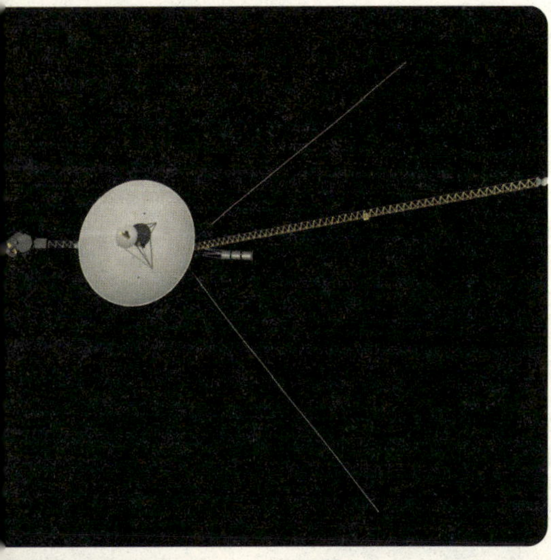

“旅行者”系列探测器

1977年8月20日，美国发射了“旅行者”1号探测器。1979年3月“旅行者”1号飞临木星，在3天之内探测了木星和4个伽利略卫星以及木卫五。1977年9月5日，“旅行者”2号探测飞船发射升空，“旅行者”2号于1979年7月飞临木星，对木星进行了考察。它们在离开木星后，还要继续探测土星、天王星和海王星。

小航天员手册

2002 年 11 月 5 日，在首次飞过距离木星最近的木卫五后，“伽利略”号完成了最后一项探测任务。此后，它一直围绕着木星的轨道飞行，直到 2003 年 9 月 21 日坠毁于木星。

“伽利略”号

1989 年 10 月 18 日，“亚特兰蒂斯”号航天飞机将“伽利略”号木星专用探测器送入轨道。这个探测器总重约 2 717 千克，由木星轨道探测器和大气探测器两部分组成，搭载有 10 件仪器。1995 年 12 月 7 日，“伽利略”号进入绕木星飞行的轨道，开始对木星探测。

对木星卫星的探测

“伽利略”号还对木星的四个卫星进行了探测，发现木卫一是太阳系里最活跃的天体，其火山爆发达一百多次，喷发出的火山烟柱高耸入云，到处布满了岩浆湖；在木卫二上，探测器也记录到一次巨大的火山爆发；在木卫三上则意外地发现了一个磁场；在木卫四上，环形山比人们想象的要少得多。

在长达 14 年的太空飞行中，“伽利略”号探测器向地面发回了大量的数据和图像，使科学家获得不少重要发现。其中最有价值的发现是，探测到木卫二的表层下可能存在着海洋，这让人类看到了外星生命存在的希望。

拜访土星

21世纪以前，只有“先驱者”11号、“旅行者”1号和2号三个探测器飞临土星进行过探测土星的活动。1997年10月15日，美国发射了耗资巨大的大型土星探测器“卡西尼”号。从此，一场费时7年、跨越32亿千米漫漫长路的轰轰烈烈的土星探测活动拉开了帷幕。

“先驱者”11号和“旅行者”1号

“先驱者”11号是第一个造访土星的探测器，它不仅发现了两条新的土星光环和土星的第11颗卫星，而且证实土星的磁场比地球磁场强600倍。“旅行者”1号的探测不仅证实了土卫十、十一、十二的存在，而且又发现了3颗新的土星小卫星。它还对土卫六进行了考察，结果表明，土卫六确有浓厚的大气层。

“先驱者”11号探测器进入木星轨道。

“旅行者”2号拍摄的土星图片。

“旅行者”2号的成果

“旅行者”2号探测器传回了18 000多幅土星照片。科学家们发现，土星也有一个大红斑，而且表面寒冷多风，北半球高纬度地带有强大而稳定的风暴。土星光环中不时也有闪电穿过，其威力超过地球上闪电的几万倍乃至几十万倍。

“卡西尼”号

“卡西尼”号太空探测器于2004年7月1日进入环绕土星转动的轨道。“卡西尼”号上不仅安装有12台探测设备，还携带了一个可在太空发射的“惠更斯”号探测器，它专门用于探测土星最大卫星土卫六。

“卡西尼”号探测器。

小航天员手册

“卡西尼”号探测器发射升空后，采用了借用行星的引力来加快速度。在经过金星的时候得到第一次加速，绕太阳一圈再经过金星后获得第二次加速。此后又经过地球和木星的引力加速，最终以每秒30千米的速度向土星飞去。

“惠更斯”号探测器

2005年1月14日，“惠更斯”号探测器成功登陆土卫六，它上面安装的六台压力、温度、风速、大气成分测量仪器帮助科学家们揭开了土卫六的神秘面纱。

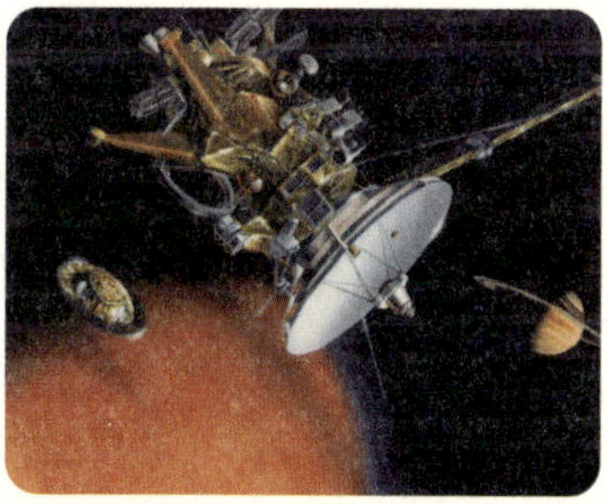

惠更斯号在土卫六卫星上的示意图。

天王星使者

天王星是太阳系八大行星中最遥远的两颗行星之一，因为距离太远，在它1781年被发现之后的200多年之中，我们对于它的了解一直都很少。直到20世纪80年代“旅行者”2号探测器的造访，才真正揭开了天王星的很多奥秘。

首次探访

1986年1月24日“旅行者”2号在距天王星8万千米的地方掠过，对它作了46天的考察，第1次精确地测得天王星绕太阳公转1周大约相当于84个地球年，自转周期是16.82小时。天王星也有磁场，不过强度较弱，而且磁场扭曲而毫无规律。

→“旅行者”2号探测器。

↓“旅行者”2号探测器拍摄到的天王星的照片。

蓝绿色的星球

探测器送回地球的7 000多张照片显示，天王星是一个蓝绿色的星球，科学家们据此推测天王星也没有坚实的固体外壳，星体完全由气体组成，主要成分是氢和氦，还含少量的氮和甲烷。由于甲烷云层会吸收红光，因此才造成了天王星呈现出蓝绿的颜色。

最有价值的发现

探测器对天王星最具有价值的发现，要算它的光环与卫星了。“旅行者”2号的探测结果显示，天王星大约有20多个环。但是这些环与土星环相比是又窄又暗的，宽度大概只有几千米。但是在较宽的天王星环缝中，还加藏着一些小环。

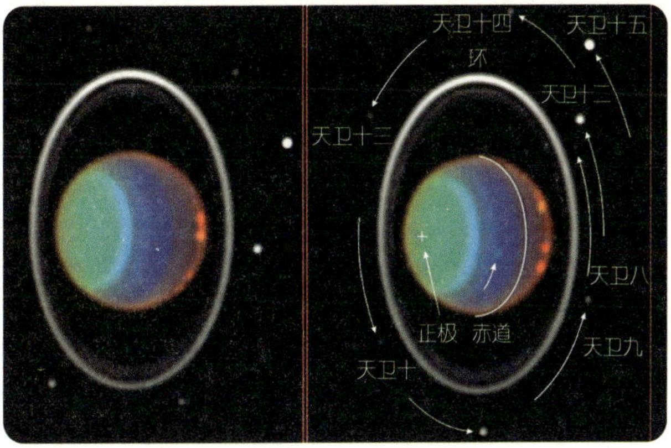

天王星的光环和它的卫星运转轨道。

小航天员手册

1781年3月13日，英国人威廉·赫歇尔在自家的庭院中观察到天王星，当初，他以为是颗彗星。1783年，法国科学家拉普拉斯证实赫歇尔发现的是一颗行星。为此，威廉·赫歇尔被英国皇家学会授予柯普莱勋章。

温度变化

从探测器所提供的资料知道，天王星的高层大气是处在高温状态的，北极竟达到2 400℃，而探测时面向太阳的南极却为1 800℃。这说明天王星上的气温变化不会直接受太阳光照射的影响。

揭开海王星的秘密

海王星是太阳系八大行星中距离太阳最远的行星，它距离太阳约45亿千米，直到今天，仅有“旅行者”2号探测器于1989年8月25日访问过海王星。几乎我们所知的全部关于海王星的信息都来自这次短暂的会面。

初次相会

“旅行者”2号在距海王星4 827千米的最近点与海王星相会，它发现了海王星的6颗新卫星，使其卫星总数增至8颗；首次发现海王星有5条光环，其中3条暗淡，2条明亮。

↑ 海王星的光环。

↓ “旅行者”2号发回的照片显示在海王星的南半球有一个醒目的大黑斑。

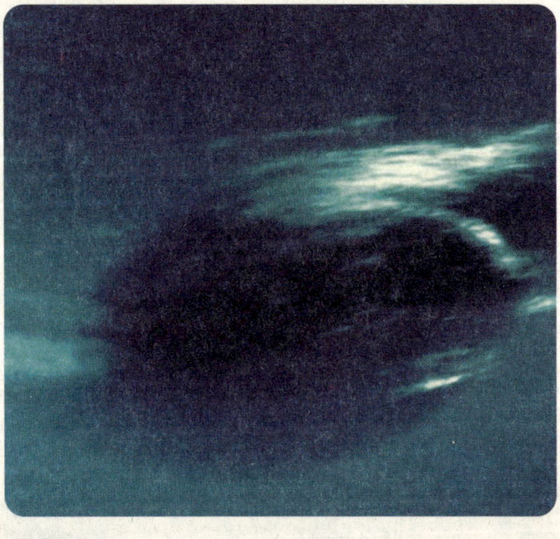

大黑斑的秘密

从“旅行者”2号拍摄的6 000多幅海王星照片中发现，海王星南极周围有两条宽约4 345千米的巨大黑色风云带和一块面积有如地球那么大的风暴区，它们形成了像木星大红斑那样的大黑斑。但后来用哈勃太空望远镜观察海王星时发现大黑斑已经消失。大黑斑起初被认为是一大块云，而据后来推断，它应该是可见云层上的一个孔洞。

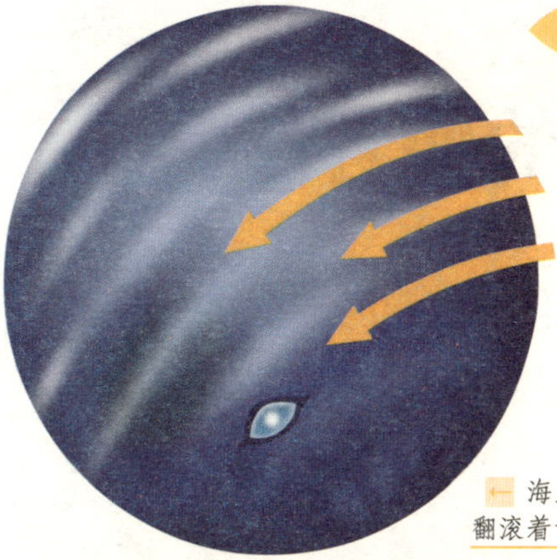

磁场和大气层

海王星也有磁场和辐射带，大部分地区有像地球南北极那样的极光。海王星的大气层动荡不定，大气中含有由冰冻甲烷构成的白云和大面积气旋，跟随在气旋后面的是时速为640千米的飓风。海王星上空还有一层因阳光照射大气层中的甲烷而形成的烟雾。

← 海王星是一个狂风呼啸、乱云飞渡、富有生气的世界，大气中翻滚着许多湍急紊乱的气旋，形成了令人惊心动魄的风暴区。

存在活火山的天体

科学家根据探测信息还发现海卫一上有3座冰火山，而且有的还在活动，曾喷出过冰冻的甲烷或其他冰类物质。有时它喷出的氮冰微粒高达几十千米。这一发现使海卫一成为太阳系中存在活火山的第三个天体，其他两个是地球和木卫一。

小航天员手册

海卫一上空有一层稀薄的氮气组成的大气层，海卫一上可能存在液氮海洋和冰湖，所有这些证明，海卫一可能有过长达10亿年的活跃的地质活动期。飞船对海卫一的考察使科学家们兴奋不已，人们对海卫一的兴趣甚至超过了海王星本身。

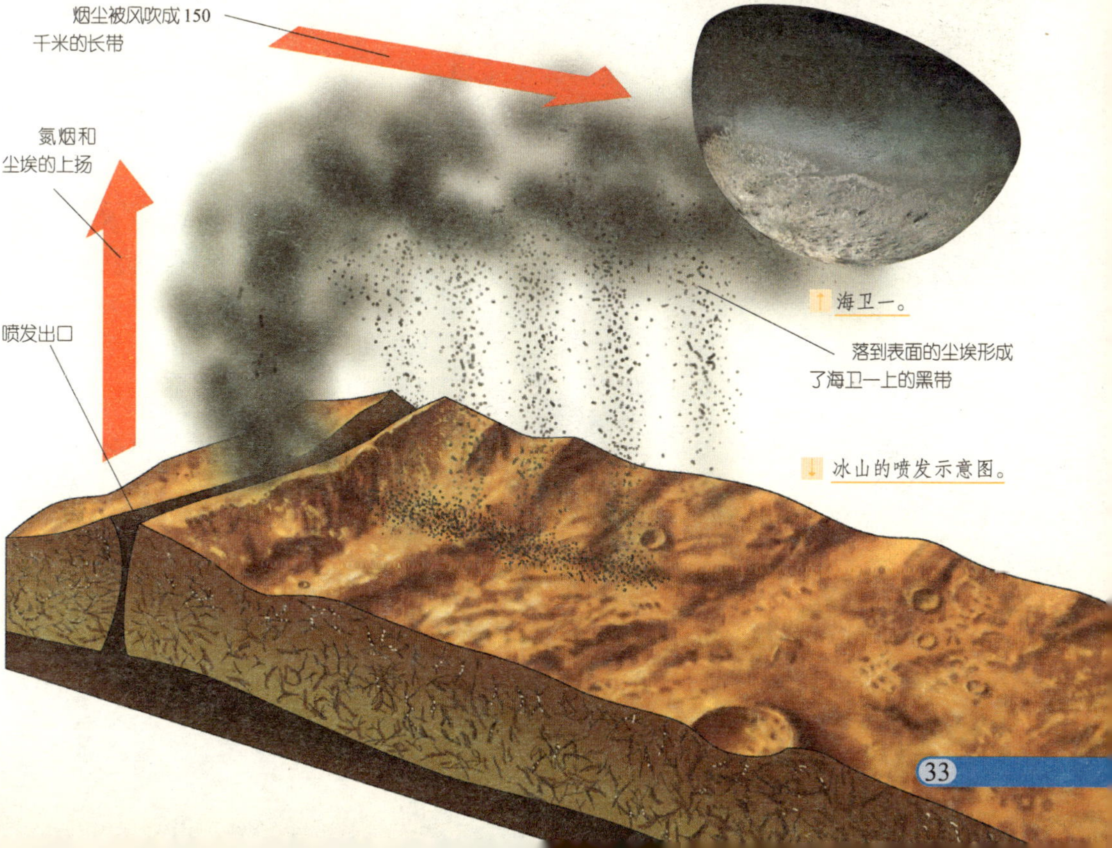

↑ 海卫一。

↓ 冰山的喷发示意图。

飞向宇宙的使者

进入航天时代以来，人类一直都没有停止探索的脚步。“先驱者”号是美国行星际探测器系列，从 1958 年 10 月到 1978 年 8 月，共发射 13 个。其中“先驱者”10 号和 11 号探测器最为引人注目。

飞出太阳系

“先驱者”10 号探测器是人类探索宇宙深处的标志之一。它于 1972 年 3 月 2 日发射成功，是第一艘越过小行星带的飞行器。1983 年 6 月 13 日，“先驱者”10 号飞出海王星的轨道，成为第一个飞出太阳系的人造探测器。

小航天员手册

“先驱者”10 号身上携带着表明地球文明外貌、位置的金属板，以及其他表示友好的图片、声音、音乐等。当它离开太阳系时，将把这幅金属板弹出飞行器主框架。希望有一天能被外星文明发现。

巨大的贡献

到目前为止，“先驱者”10 号正位于距地球 100 多亿千米的太空。预计，它将在寂静中继续其飞往金牛座的漫长太空旅程。如果一切顺利，它将在 200 万年后抵达那里。11 年来，这个重达 290 千克的探测器一共从地球上接收了 98 900 个指令信号，向地球发回 1 260 亿个信息单位的资料和照片。

“先驱者”10 号的发射。

超期服役

“先驱者”10号原定考察计划只有21个月，但实际上它的“探测生命”之长，远远超出了人们的预期。直到1997年3月底，科学家才正式结束“先驱者”10号的科学考察使命，宣告它正式“退役”。

↑ “先驱者”10号是人类建造的第一个成功飞出太阳系的飞行器。

← “先驱者”11号的发射。

“先驱者”11号

1973年4月6日，“先驱者”11号从地球启程，开始自己的探索征程，1974年12月5日，它到达木星附近。1990年2月23日，“先驱者”11号飞越了海王星轨道，成为第4个飞离太阳系的航天器。“先驱者”系列探测器成为人类建造的、比地球上任何其他工程都会持久的一座丰碑。

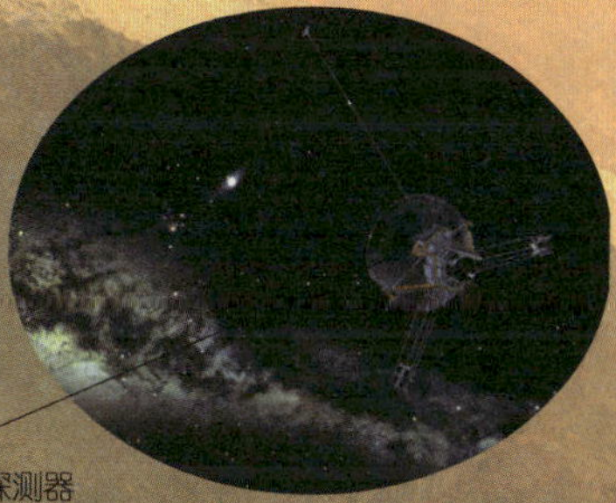

“阿波罗”登月计划

在诸多的登月计划中，美国的“阿波罗”登月计划是人类航天史上的一次壮举。这一计划从 1961 年开始，到 1972 年结束，先后 6 次登月将 12 名宇航员送上月球并安全返回。人类对太空的研究进入了一个新的时期。

早期的“水星”计划

1961 年 5 月，当时的美国总统肯尼迪宣布：“美国要在十年内，把一个美国人送上月球，并使他重新返回地面。”于是，著名的“阿波罗”计划开始启动。第一步计划被命名为“水星”计划，目的是测试人在太空中的活动能力。1963 年 5 月 15 日，“水星”1 号载人发射，顺利完成任务，“水星”计划结束。

→ 1961 年 5 月 5 日，水星计划的首次载人亚轨道飞行正式开始，美国第一位宇航员阿兰·谢波德乘坐“水星”号飞船，达到 180 千米的高度后，成功返回地面。

过渡时期的“双子星座”计划

“双子星座”计划是在 1961 年 11 月至 1966 年 11 月实施的。它的目的是测试人长时间在太空中的生理反应，以及航天器的对接技术。1965 年，“双子星座”3 号、6 号和 7 号分别完成了变轨实验和太空会合实验，实验中宇航员身体状况良好。为“阿波罗”计划的正式实施奠定了很好的基础。

小航天员手册

“阿波罗” 11 号是阿波罗计划中的第五次载人飞行任务，发射于 1969 年 7 月 16 日。7 月 21 日，尼尔·阿姆斯特朗与巴兹·奥尔德林宇航员成为了首次踏上月球的人类。他们在月球表面活动了两个半小时，使用钻取得了月芯标本，拍摄了一些照片，采集了 22 千克的月表岩石标本。

“阿波罗”飞船

“阿波罗”登月计划是从1961年开始实施的，科学家们经过缜密的思考，最后决定用工程师霍伯特的“月球轨道会合法”登上月球。飞船由指令舱、服务舱和登月舱三部分组成，大约有50吨重和25米高，“土星”5号运载火箭承担了此次运载任务。

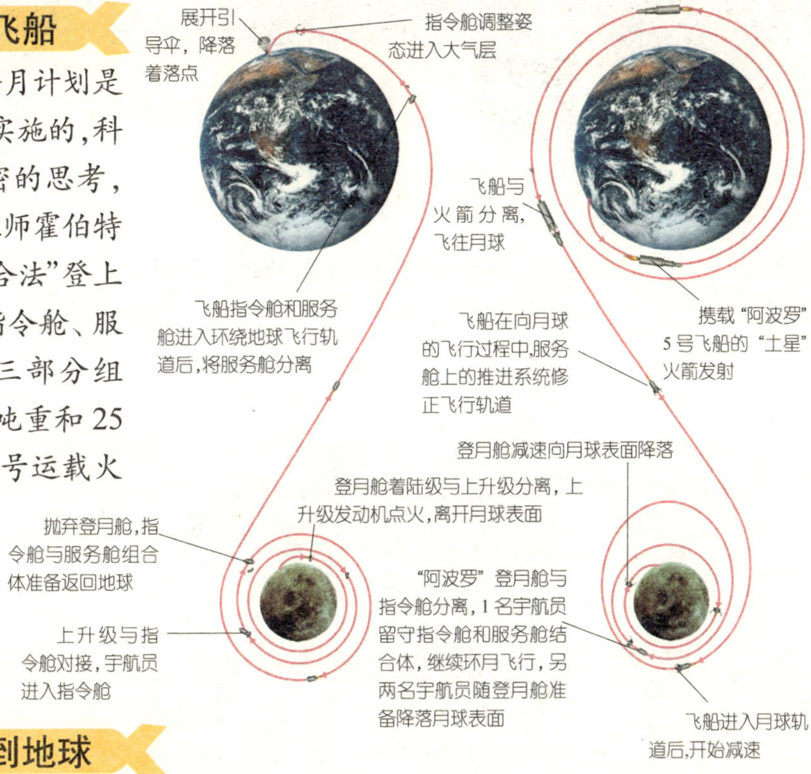

指挥舱回到地球

登月舱落回月面后，服务舱的火箭开始工作。等到进入大气层时，服务舱和指挥舱分离。服务舱穿越大气层后坠毁。指挥舱重新进入地球大气层，溅落在太平洋上。

此图为“阿波罗”14号任务指令长谢波德在美国旗帜旁边的照片，他的裤子和手套上沾满了黑色的月尘。

中国探月工程

早在我国古代，就有"嫦娥奔月"的美丽传说，在21世纪的今天，这一传说终于成为现实。我国首个月球探测器"嫦娥"一号发射成功，并准确受控撞击月球。首次探月的几大精彩足迹，永久留在了人们的记忆和人类探月的历史中。

成功发射

2007年10月24日18时5分，在西昌卫星发射中心，"长征"三号甲运载火箭搭载着"嫦娥"一号卫星顺利升空。18时30分，星箭分离，卫星在太平洋上空以接近每秒8千米的速度进入预定的大椭圆轨道；19时9分，"嫦娥"一号发射成功，"嫦娥"奔月旅程正式开始。

小航天员手册

中国探月是我国自主对月球的探索和观察，又叫做嫦娥工程。第一颗绕月卫星"嫦娥"一号由中国空间技术研究院承担研制，主要用于获取月球表面三维影像、分析月球表面有关物质元素的分布特点、探测月壤厚度、探测地月空间环境等。

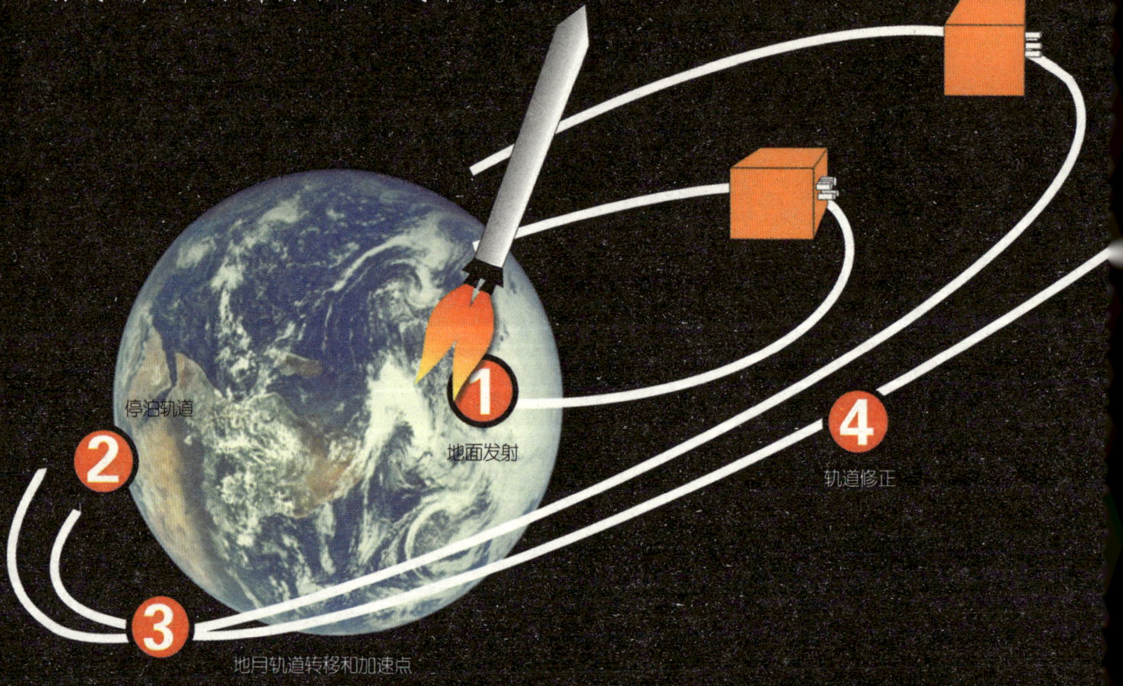

进入轨道

2007年10月31日,"嫦娥"一号进入地月转移轨道,顺利与月球交会。11月5日,"嫦娥"一号投入月球怀抱,成为一颗真正的"月球卫星"。11月7日,"嫦娥"一号卫星准确进入127～200千米高度的月球轨道。

首幅月图亮相

2007年11月26日,来自"嫦娥"一号的一段语音和《歌唱祖国》歌曲从月球轨道传回。我国首次月球探测工程第一幅月面图像通过新华社传到了世界各地。2008年1月31日,首幅由"嫦娥"一号卫星拍摄的月球极区图像发布。

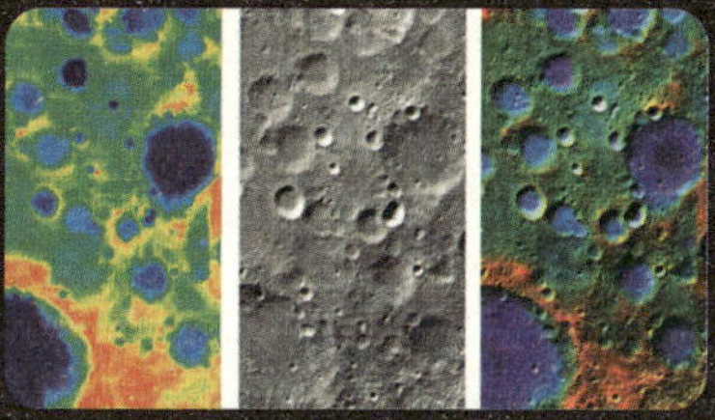

"嫦娥"一号卫星拍摄的万户撞击坑照片(中)及其伪色彩照片(左、右)。

完成使命

2009年3月1日,16时13分10秒,在科技人员的精确控制下,"嫦娥"一号卫星准确落入东经52.36度、南纬1.50度的月表指定区域,成功完成硬着陆。随着此次"受控撞月"的准确实施,中国探月一期工程也宣布完美落幕。

空中楼阁——空间站

随着航天事业的不断发展，在太空中的短期停留已不能满足人类研究的需要，于是，一座座空间站出现在了太空中，它可以为人类提供长期在太空工作和生活的空间。它就像是研究人员在太空中的家，也像是太空中的驿站，逐渐拉近人类与远处天体的距离。

空间站的组成

空间站作为宇航员在太空中长期工作和生活的地方，一般都有数百立方米的空间。具体划分为很多不同的区域，有过渡舱、对接舱、工作舱、服务舱和生活舱等。一个空间站通常有数十吨重，由直径不同的几段圆筒串联而成。

节点舱与货舱对接。

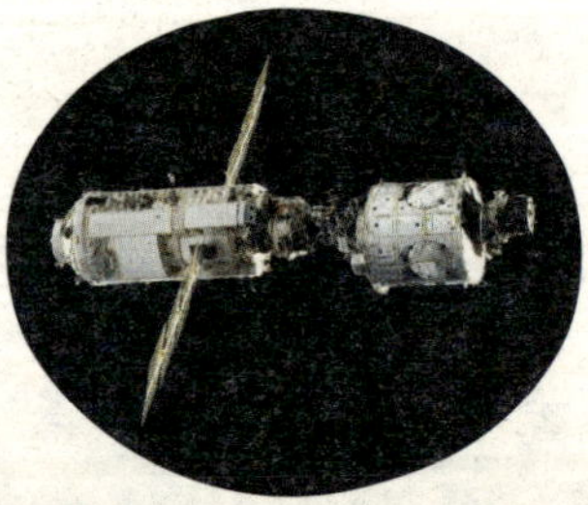

具体分工

过渡舱是宇航员进出空间站的必经通道，又被称为“气闸舱”，它要始终保持与空间站内气压一致，这就需要通过增压或降压的调整。对接舱是其他载人飞船和航天器的停靠码头。工作舱是宇航员进行太空工作的场所。生活舱则提供给宇航员舒适的生活环境。

国际空间站

国际空间站是人类航天史上首次多国合作完成的空间工程。这个国际空间站体积庞大，内部结构复杂，由6个实验舱、1个居住舱、2个连接舱、服务系统及运输系统等组成。设计中已将它的寿命控制在10～15年，可同时承载6人进行太空工作。

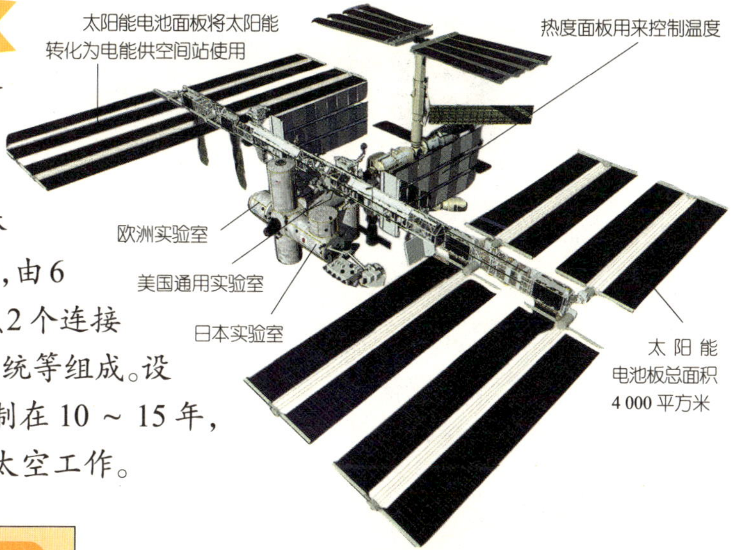

小航天员手册

国际空间站的设想是1983年由美国总统里根首先提出的，直到1993年完成设计，开始实施。该空间站以美国、俄罗斯为首，包括加拿大、日本、巴西、比利时、丹麦、法国、德国、英国、意大利、荷兰、西班牙、瑞典、瑞士和爱尔兰等16个国家参与研制。

“和平”号空间站

1986年2月20日，苏联发射了著名的“和平”号空间站，宇航员们在上面进行了天体物理、生物医学、材料工艺试验和地球资源勘测等各项科学考察活动。2001年3月23日，“和平”号空间站完成使命后坠入地球大气层，碎片落入南太平洋海域中，它的研究任务被“联盟”号国际空间站所取代。

↓“和平”号空间站是人类首个可长期居住的空间研究中心，同时也是首个第三代空间站。

民用通信卫星

通信卫星主要是作为无线电通信中继站，它就像一个国际信使，收集来自地面的各种“信件”，然后再“投递”到另一个地方的用户手里。利用通信卫星，人们可以拨打国际电话、拍发国际电报、转播电视、进行数据传输、实现全球个人移动通信。

通信卫星的分类

通信卫星按轨道分为静止通信卫星和非静止通信卫星；按服务区域不同可分为国际通信卫星和区域通信卫星或国内通信卫星；按用途可分为专用通信卫星和多用途通信卫星，前者如电视广播卫星、海事通信卫星等，后者如兼有通信、气象和广播功能的多用途卫星等。

天线盘面用来接收和发射信号

有通信卫星的帮助，飞机和地面能够进行通话联系

移动通信手机

天线用来接收和发送信号

工作过程

当卫星接收到从一个地面站发来的微弱无线电信号后，会自动把它变成大功率信号，然后发到另一个地面站，或传送到另一颗通信卫星上后，再发到地球另一侧的地面站上，这样，我们就收到了从很远的地方发出的信号。

卫星通信的特点

卫星通信的特点是：不受地理条件的限制；组网灵活、迅速；通信容量大、费用省。卫星通信采用数字方式，由于电话、图像、电视等形式的信息都可以数字化，因此一颗数字卫星就可以完成很多工作。

小航天员手册

“晨鸟”号卫星高0.6米，直径0.72米，重39千克，1965年6月正式用于北美与欧洲间的国际商用通信，这颗卫星后来改称为“国际通信卫星”1号。它是国际通信卫星组织使用的国际通信卫星，这一组织有100多个国家和地区参加。

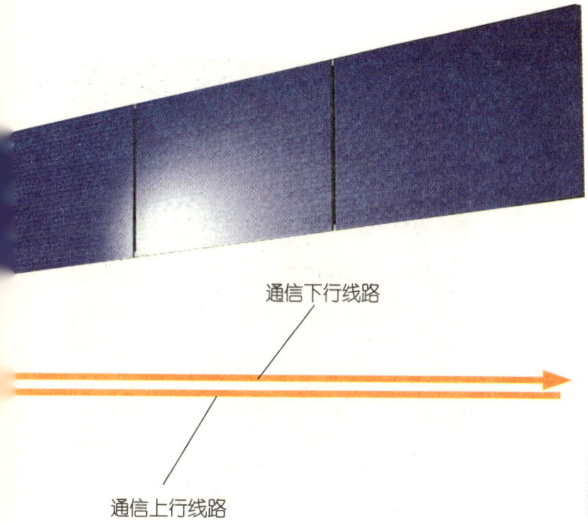

我国卫星通信历史的开始

1984年4月8日，我国在西昌卫星发射中心由“长征”三号火箭发射了“东方红”二号试验卫星，这是我国第一颗地球静止轨道通信卫星，可在每天24小时内进行全天候通信，包括电话、电视和广播等各项通信试验，开始了使用我国自己通信卫星进行卫星通信的历史。

第一颗商用通信卫星

1965年4月6日，世界上第一颗商用通信卫星“晨鸟”号发射成功，一个崭新的卫星通信时代拉开了帷幕。到目前为止，该型卫星已发展到了第八代，每一代都在体积、重量、技术性、通信能力、卫星寿命等方面有一定提高。

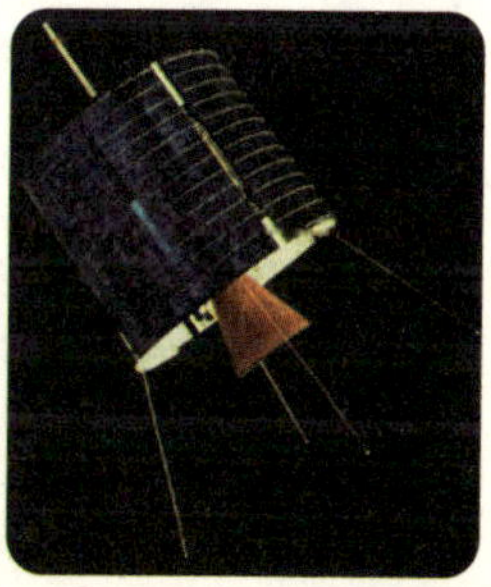

“晨鸟”号商用通信卫星。

信息传播

今天，我们坐在家里，随时都可以观看正在欧洲或美洲举行的体育赛事，这一切都得益于通信卫星的发展。现在，由通信卫星构成的卫星通信网已经覆盖了全球，电视节目可以在全世界有地面站的国家和地区之间进行传送和交换。

跨太平洋的电视转播

1963年，美国发射了第一颗地球同步轨道通信卫星，试验了横跨大西洋的电视和电话传输，真正解决了卫星通信的实际应用问题，并于1964年成功地转播了东京夏季奥运会的实况，把电视节目转播到美国，这是首次跨太平洋的电视转播。

"辛康"1号是美国首先发射的一个地球同步轨道的通信卫星，于1963年2月14日发射的，可是当卫星上的远地点发动机点火20秒钟后，星上的全部信号突然中断。结果，虽然"辛康"1号进入了地球同步轨道，却因无法正常通信而成为太空垃圾。发射的"辛康"1号仅获部分成功。1963年7月26日发射的"辛康"2号获完全成功。

我国卫星电视的发展

1985年，我国租用国际通信卫星向全国传送中央电视台的第一套节目。20世纪90年代中期，中央、省市台开始了卫星数字电视广播。至今我国已实现中央、省市卫星电视全面数字化，模拟电视已走入历史，上百套数字电视在自己的几颗广播卫星上播出。

通过卫星转播可以观看各国直播的电视节目。

我国现有转发卫星电视节目的通信卫星

我国现在转发卫星电视节目的通信卫星有四颗，“中星”六B卫星、“鑫诺”三号卫星、“中星”9号卫星和“亚太”6号卫星。“中星”六B卫星覆盖中国、东南亚、太平洋及大洋洲，可传送300套电视节目。“鑫诺”三号卫星转发30套中央和省市C波段免费的卫视节目。“亚太”6号卫星主要转发中央电视台的教育频道和空中课堂等卫星电视节目。

小航天员手册

数字卫星电视是近几年迅速发展起来的，利用地球同步卫星将数字编码压缩的电视信号传输到用户端的一种广播电视形式。主要有两种方式。一种是将数字电视信号传送到有线电视前端，再由有线电视台转换成模拟电视传送到用户家中。另一种方式是将数字电视信号直接传送到用户家中。

↑卫星电视的工作原理。

卫星电视的优点

卫星电视广播具有覆盖面广、传输距离远、信息量大、信号质量高、不受地理条件限制等优点，近几年发展迅速，特别是直播卫星数字可用较小的天线接收，安装维护简单，普通家庭即可使用。

↓卫星电视很普及。

环球联系

随着科技的发展，现在大部分先进地区内的通信已经十分便利，但是在远离城市的乡村、森林、山区、沙漠、戈壁、矿场、油井和海洋上，通信仍有很多不便，卫星通信的发展很好地解决了这个问题。

实现全球通信

由于通信卫星位于距地面 35 790 千米的高空，因此它工作的覆盖面特别大，一颗卫星就可以负责 1/3 地球表面的通信。如果在地球静止轨道上均匀地放置三颗通信卫星，便可以实现除南北极之外的全球通信。

通信卫星是世界上应用最早、最广的卫星之一，许多国家都发射了通信卫星。

小航天员手册

通信卫星一般采用地球静止轨道，这条轨道位于地球赤道上空35 790千米处，绕地球一周的时间为23小时56分4秒，恰与地球自转一周的时间相等。因此从地面上看，卫星像挂在天上不动，这也使地面接收站的工作方便多了。

卫星电话

现代通信中，卫星通信是无法被其他通信方式所替代的，卫星通信系统用来传输信息的电话就是卫星电话。卫星电话的主要功能是填补有线通信和无线通信终端无法覆盖的区域，为人们的工作提供更为健全的服务。

卫星移动通信系统

卫星移动通信系统可分为海事卫星移动系统、航空卫星移动系统和陆地卫星移动系统。海事卫星移动系统主要用于改善海上救援工作，提高船舶使用的效率和管理水平，增强海上通信业务和无线定位能力。航空卫星移动系统主要用于飞机和地面之间为机组人员和乘客提供话音和数据通信。陆地卫星移动系统主要用于为行驶的车辆提供通信。

→ 中国亚太移动通信卫星。

卫星通信的主要优点

①通信范围大，只要是卫星发射的波束覆盖的范围均可进行通信。②不易受陆地灾害影响。③建设速度快。④易于实现广播和多址通信。⑤电路和话务量可灵活调整。⑥同一通信可用于不同方向和不同区域。

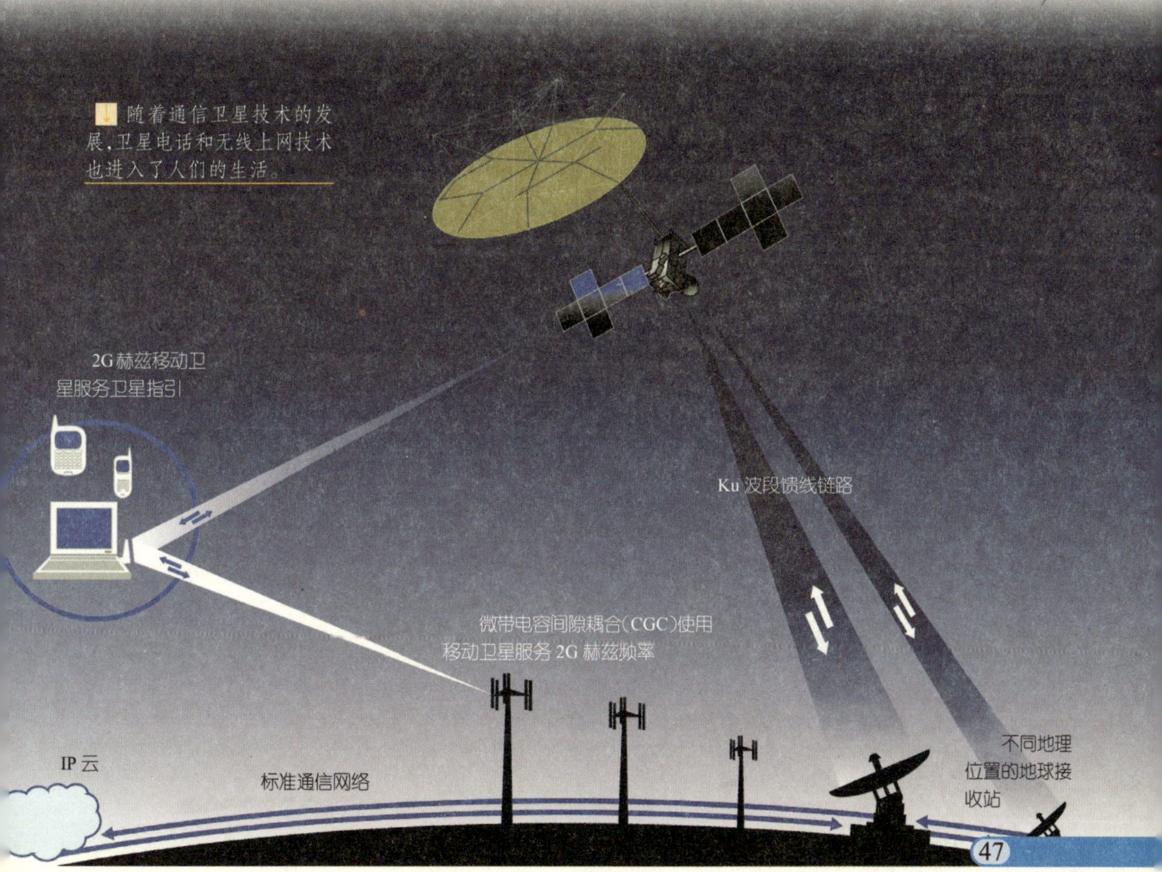

↓ 随着通信卫星技术的发展，卫星电话和无线上网技术也进入了人们的生活。

寻找地球资源的卫星

地球上有着极其丰富的资源。在地球上进行实地勘探，往往会受到自然条件的限制。特别是蕴藏着无数资源的浩瀚海洋，要获取它的相关信息不能只依靠海面上的直接探测来完成。于是人们需要一种多用途的人造卫星——地球资源卫星——的帮助。

地球资源卫星的任务

地球资源卫星是专门用于勘测和研究地球资源的人造卫星。它通过光学照相机、电视摄像机和其他传感器获取大量图像数据信息，每隔18天就会向地面送回一套全球的图像数据。地面对已掌握的各类信息进行处理，从而掌握各类资源的特征、状况及分布情况。

↑ 卫星拍摄到的维苏威火山口的照片。

地球资源卫星的分类

20世纪60年代，地球资源卫星在气象卫星的基础上逐步发展起来。根据观测重点不同，主要分为陆地资源卫星和海洋资源卫星两类。目前，地球资源卫星涉足的领域包括农、林、海洋、地质、水文、探矿及环境保护等多个方面，起到了开发资源、发展经济的重要作用。

小航天员手册

为保证在基本相同的光源照射下获取地面图像，地球资源卫星一般采用太阳同步轨道兼回归轨道。目的是让卫星在通过地球同一纬度时，太阳的高度角大致相同；在通过某一相同地点时能得到重复拍摄的效果。

← 1992年2月，日本发射了JERS−1地球资源卫星。均采用合成孔径雷达和光学遥感器相结合的方式，具有全天候、全天时、高精度的特点，代表了第三代地球资源卫星。

↑ “陆地卫星”1号。

陆地资源卫星

1972年7月23日，美国发射了世界上第一颗地球资源卫星“陆地卫星”1号。该卫星传回的图像给地质学带来了根本性的影响，其中的许多信息，除使用卫星遥感外，还没有任何其他方法可以获得，比如大陆漂移。

“资源”1号

“资源” 1号地球资源卫星是我国第一代传输型地球资源卫星。它主要用来监测国土资源变化；估计森林蓄积量，农作物长势，快速查清洪涝、地震的估计损失；监测水产养殖和环境污染，同时勘探地下资源，使之合理开发、使用等。

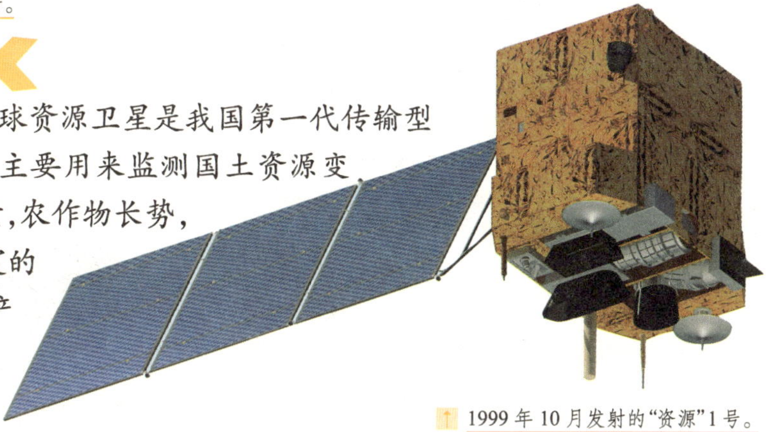

↑ 1999年10月发射的“资源”1号。

“斯波特”号卫星

“斯波特”号卫星是法国研制的地球资源卫星，1986年投入使用。这颗卫星重1 850千克，长2米，宽2米，高度为4.5米。卫星上装有2台高分辨率摄像机，工作在可见光和近红外波段，主要任务就是调查矿藏资源、植物资源和作物产量等地球自然资源。

↓ 法国的地球资源卫星“斯波特”号。

探索海洋的卫星

广阔的海洋中蕴藏着丰富的资源，所以，人们常说21世纪是海洋的世纪，开发和利用海洋资源是这个世纪人类的重要课题。随着科技的发展，海洋卫星出现了，它在了解海洋的全貌，准确地探测海洋环境和海洋资源方面大展身手。

海洋卫星的分类

海洋卫星按用途分为海洋水色卫星、海洋动力环境卫星和海洋综合探测卫星。海洋水色卫星是对海洋水色要素（如叶绿素、悬浮沙和可溶性的黄色物质等）和水温及其动态变化的探测。海洋动力环境卫星是对海面风场、海面高度、浪场、流场以及温度场等要素的探测。海洋环境综合卫星是对全球与近海（包括海岸带）各种信息的综合遥感监测。

↑ 1999年1月27日，我国台湾省委托美国研制并发射一颗低轨道（600千米）水色卫星ROCSAT－1，星上有效载荷为6通道水色遥感器。

海洋卫星的发展

1978年6月，美国发射了世界上第一颗海洋卫星，该卫星每天绕地球14圈，每小时对全球95%的海面环扫一遍。后来，苏联、日本、法国和欧洲空间局等相继发射了一系列大型海洋卫星。

← 美国1978年6月22日发射世界上第一颗海洋卫星Seasat－A。

先进的设备

海洋卫星自身携带的遥感器有：感测可见光和热红外的海水扫描仪，可以确定鱼虾贝类的集聚区；测量风速和风向的微波散射计与观测海面温度和盐分的微波辐射计，能预测台风等海洋气候的变化；合成孔径雷达，能穿透云雾、雨雪，观察到海水特征、海面漂浮、海浪波动等。

→ 1992年美国和法国联合发射TOPEX/Poseidon卫星。星上载有一台美国NASA的TOPEX双频高度计和一台法国CNES的Poseidon高度计，用于探测大洋环流、海况、极地海冰，研究这些因素对全球气候变化的影响。

巨大的作用

人们将海洋卫星收集到的资料经过处理以后，就能得到丰富的海洋信息，利用这些宝贵的资料，可以监测、预报海洋环流、海洋污染、海洋灾害；保护和开发鱼类资源；利用海流设计最佳航线；可以选择海上钻井、海上发电的最佳地点等。

← 世界上20%的石油，是由石油钻井从海底获得的，其中海洋卫星对海底石油的探测可谓功不可没。

小航天员手册

2002年5月15日9时50分，我国第一颗海洋卫星“海洋”一号A在太原卫星发射中心成功发射升空。它在轨运行时间近两年，获取了大量水色遥感探测数据，探测范围覆盖了全球海域，为我国海洋权益维护、海洋资源开发、海洋环境监测、海洋灾害预报等方面发挥了重要作用。

能源探测

煤炭、石油和天然气是世界的三大能源，也是国民经济的支柱产业，然而，这些能源由于特殊的形成原因，几乎都深埋于地下，对其勘探和开发都存在着很大的风险性。随着航天技术的发展，卫星遥感技术为能源勘探提供了一种新方法。

勘探现状

尽管传统的地面调查、物理勘探等技术不断开展，但能源勘探成本还一直十分昂贵，而且随着人类的不断开采，这些能源日益减少，勘探难度也越来越大。

小航天员手册

进行能源探测的卫星都是地球资源卫星，地面接收站会将其传回的图像变成黑白或彩色图片。光秃的大地往往呈现白色或浅灰色；水是黑色或深蓝色；植被以不断变化、深浅不同的红色呈现出来。科学家们通过这些不同颜色来分析地球上的资源状况。

遥感卫星扫描大地，获取资料。

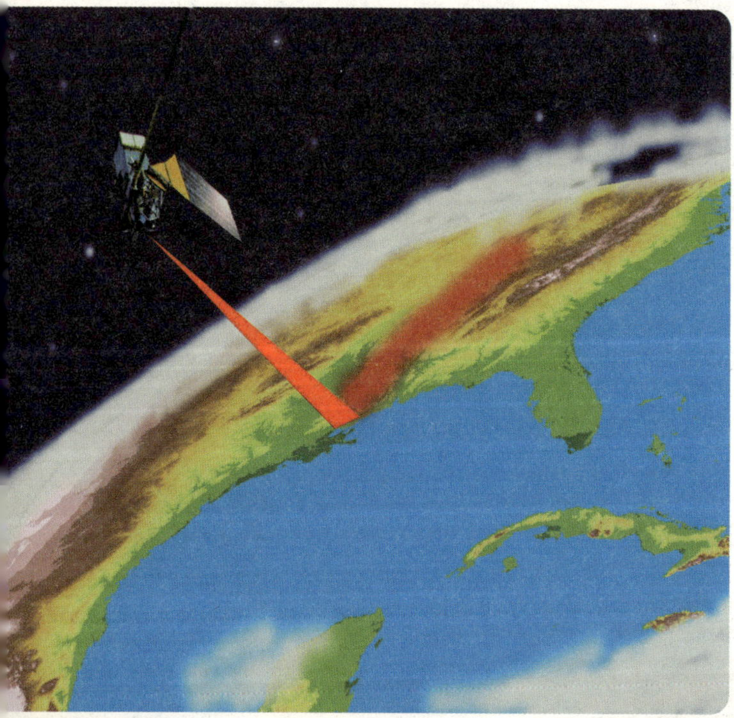

遥感技术

遥感技术利用的就是资源卫星上装备的多光谱扫描器，这种仪器可以分辨出由地球反射回来的太阳光中各种不同的波长。由于水、植被及矿藏各有其独特的多光谱图像，因此，扫描器能辨认出地球的不同特征。人们通过分析这些光谱就可能判断出这些能源的分布情况。

↑ 遥感技术在石油勘测中发挥着也来越重要的作用。

石油工业的发展

我国的石油遥感技术应用开始于20世纪70年代，至今已在油气资源勘查、油田环境监测、油气工程评价等方面取得了重要的研究成果和显著的经济效益，塔里木、柴达木、准噶尔等盆地及环渤海湾、东北地区、中原地区和南方4省都先后进行过石油遥感勘查研究。

煤炭工业的发展

煤炭是我国最重要的一次性能源，煤炭工业是国家的支柱产业。我国的煤炭工业是在旧中国十分薄弱的基础上发展起来的。目前，我国的煤炭产量位居世界第一。如此巨大的成就，和煤炭工业中遥感技术的应用是分不开的。

↓ 煤炭是十分重要的能源，通过遥感技术的应用，人类发现了更多的煤田。

矿产探测

地球资源卫星每 18 天就对同一地区进行重复观察。由于太阳的照射，地面植物的生长情况和含水情况是不断变化的。因此，在不同季节和日期拍摄的同一物体的影像也会有变化。所以，我们利用空中对地面摄影的方法，可以了解到许多地下的情况。

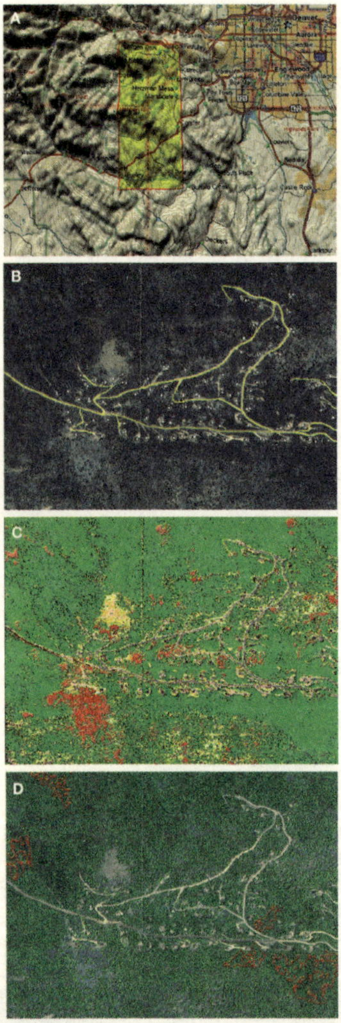

← 多波段成像拍摄的图片。

物体的光谱特性

大自然中的任何物质，不论有无生命，都以其自身特有的方式发射、吸收和反射电磁波的辐射，因此不同物体就具有自身特殊的频谱“标记”，物理学上称其为物体的光谱特性。利用卫星遥感技术探测矿产就是凭借着物体的光谱特性来完成。

↑ 在可见光段，包含有从红光到紫光等各种色光的光谱叫做连续光谱。它是发射光谱之一，主要由温度极高的固体、液体或高压气体产生，它包含所有可见的光。

多波段成像

多波段成像是把地面物体反射来的电磁波，按照波长分段记录。同一个物体，在不同波段的相片上，都会有差别，而不同物体的这些差别更大。因此，根据这个特点，我们可以把地面上不易发现的差别区分开来。

寻找地下物体

隐藏在地下的物体，也会使其上面的土层结构、地形发生细微的变化。这些变化，会使土层中的含水性、长在上面的植物的种类和稠密程度不一样，这都会在多波段的相片中明显地显示出来。根据这个特点，人们利用遥感技术可以发现那些隐藏在地下的资源。

小航天员手册

自从美国第一颗资源卫星上天后，遥感探矿便进入了一个新时代。从此，也掀起了遥感热，这都与陆地卫星图像资料直接相关，故而，遥感学界称美国第一颗地球资源技术卫星发射成功是航天史上的一个新的里程碑。

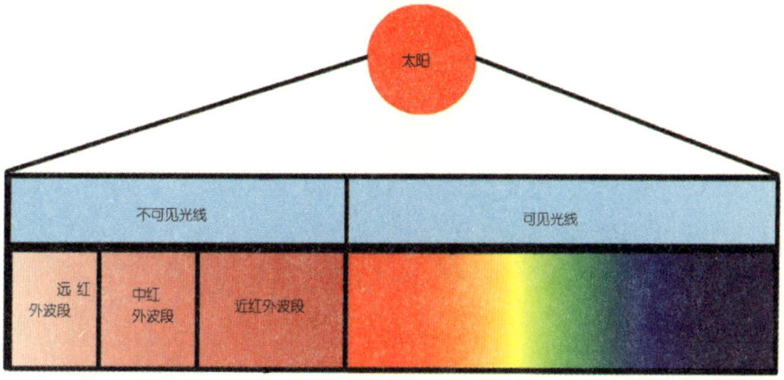

红色光是七色光中波长最长的，但还有比之更长的热射线，即红外线。“红外”意思是在红色光范围之外。

红外线探矿

地下埋藏有矿产的森林地区，其树叶上的叶绿素对红外线的反射往往比较强烈，在红外线波段的相片上，这片森林并不是深色的，而呈现浅色。因此，掩盖在树林底下的矿产的轮廓就显露出来了。红外线波段的相片对一些能辐射热能的矿产，如放射性矿产、地热源、硫化物矿产都特别敏感，因此，资源卫星往往可以清楚地发现它们的轮廓。

在卫星拍摄图上，不同矿产是不同的颜色，比如煤矿就是红色。

太空种子

太空种子是把植物种子用卫星搭载上天，在太空环境里经受了空间诱变，返回地面后再经过连续几年的培育和筛选而形成的具有明显优势的新品种。现在，发展比较成熟的太空种子为蔬菜种子，比如甜椒、尖椒、西红柿、南瓜、西瓜、油菜等。

太空种子的由来

1987年，我国第一批太空种子“乘坐”第九颗返回式卫星上天，当时的目的只是做空间生命科学研究。结果搭载过的种子经过培育后，水稻籽粒饱满，青椒果实明显变大，所以科学家提出了用太空手段做育种实验的想法。现在，科学家们已经利用航天技术培育出了60多个新品种。

返回式卫星携带植物种子在太空遨游。

科学家正在培育航天器搭载过的种子。

太空育种的原理

在自然界里，自然环境的变迁会引起生物发生相应的基因突变，我们称其为自然变异。而在太空中，宇宙粒子辐射、微重力、弱地磁、高真空以及低温等特殊的环境也会诱导植物种子发生变异，太空种子就是在这种特殊的条件下培育的。

重要的筛选和试种

搭载回来的种子至少要经过三四代的筛选，然后到多个省份的试验点去试种。试种成功后，在“品种委员会”再试种3年，如果3年的表现都超过对照品种，才能够得到审定证书。此时，太空种子才真正诞生了，才能合法地推向市场。

→ 太空育种出的庞大南瓜。

广泛的选择面

我们经常听到的太空蔬菜都是“大块头”，比如茄子像南瓜，南瓜磨盘大，豆角几尺长等，其实这只是太空种子选择的一个方面，种子搭载后产生的变异是各种各样的，选择面非常广，比如，茄子皮对治疗冠心病有帮助，科学家就专门挑选搭载后“变”小的茄子，这样，单位产茄子皮的量就增多了。

↓ 太空种子培育的出的番茄。

小航天员手册

太空种子培育出的蔬菜不但外形独特，而且营养丰富，其维生素含量高于普通蔬菜2倍以上，对人体有益的微量元素含量也提高很多。还有太空蔬菜比普通蔬菜更加美味可口，如太空甜椒可直接生吃，味道微甜，清脆爽口。

探测大气的卫星

现在，世界各国科学家对空气质量的变化都非常关注。汽车排放的尾气以及各种工业污染都是制造大气污染和破坏臭氧层的罪魁祸首。在一些国家和地区，大气污染已经成为影响人们健康的主要原因。运用卫星对大气层进行全球观测是我们认识大气层变化的关键。

大气卫星的任务

研究表明，目前地球大气层虽然维持着正常的状态，但是其厚度已经薄到了极限。大气探测卫星都装备有先进的仪器，它们的任务就是要研究地球臭氧层、地球大气的污染情况和地球气候的改变状况。

我们生活的地球被一层厚厚的大气包裹着。

发射“奥拉”

2004年7月15日，在因技术问题几次推迟发射之后，美国宇航局的大气层探测卫星“奥拉”搭载在“德尔塔”2型火箭上在美国加利福尼亚州范登堡空军基地顺利升空，进入距地球705千米的轨道。

正在加利福尼亚州范登堡空军基地发射的“奥拉”。

昂贵的"奥拉"

"奥拉"耗资7.85亿美元，计划工作年限为6年。它完成一次全面环球观测的时间为16天。负责"奥拉"计划的科学家说，就像"哈勃"望远镜改变人们对宇宙的认识一样，探测卫星"奥拉"也将改变人们对地球大气层的认识。

小航天员手册

"奥拉"是美国宇航局"地球观测系统"系列卫星的一部分，该系列中分别负责观测陆地、研究海洋和河流的另两颗卫星已于1999年和2002年进入轨道。通过"奥拉"，美国宇航局计划在15年内建立全球最复杂的地球观测系统，目标是测定地球大气变化的程度、范围以及原因。

美国的地球大气层探测卫星"奥拉"耗资十分巨大。

装备的仪器

"奥拉"上装备了由美国、英国、荷兰和芬兰科学家共同研制的各种探测仪器，其中有一个叫做对流层散射分光计的设备，它可以让"奥拉"测量大气层的成分，特别是一些细节也不会放过。"奥拉"上新增加的水蒸气监测系统也将帮助科学家更快地解读气候变化。

科学家期待"奥拉"能详尽确定地球大气层的成分，追踪污染物质并测量臭氧层的变化。

极地探测卫星

地球南、北两极由于其特殊的地理位置和气候条件等因素，人类不易到达。因此，人们通过人造卫星来探测两极地区。探测极地的卫星叫做极轨卫星，它的运动采用近极地太阳同步轨道。地球自转使一个极轨卫星每隔 12 小时左右就可以获得一次全球的气象资料。

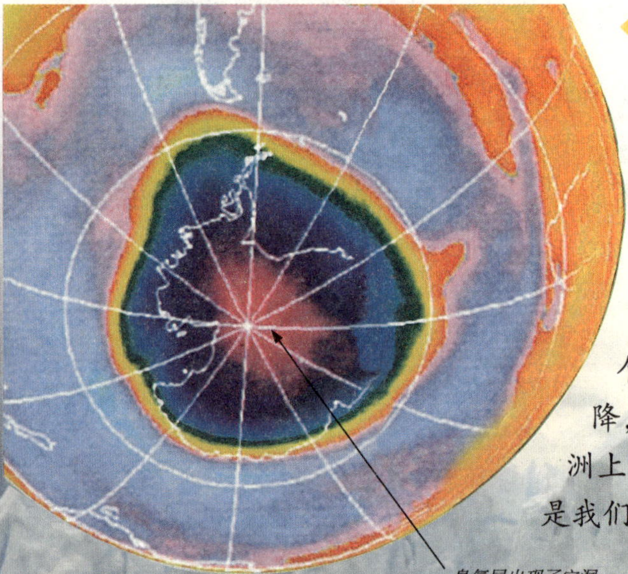
臭氧层出现了空洞

发现臭氧层空洞

1985 年，英国科学家首先发现在春季南极地区臭氧总量的下降。随后美国科学家利用 1978 年以后的极轨卫星探测资料证实了这一结果。卫星资料表明，在春季整个南极地区的臭氧总量都下降，同周围地区相比，显得在南极洲上空出现了一个臭氧空洞，这就是我们常说的南极臭氧层空洞。

探测磁场

欧洲航天局计划在 2009 年往两极上空发射 3 颗卫星监测地球磁场的变化。科学家认为，这样不仅可以帮助人们预测磁场变化的情况，更可以避免短期内可能发生的“事故”，比如，保护那些低轨道人造卫星免受太阳粒子的侵袭。

小航天员手册

夜光云是一种罕见的云团，一般出现在距离地面大约 80 千米的高度的高纬度地区，并且只有在暗夜间才能看到，故名夜光云。人类第一次观测到这种夜间发光的云是在 1885 年。

磁场减弱

近几年来，根据极轨卫星图像显示，地球的磁场一直减弱，科学家认为这可能是地球磁场发生大翻转——南北极互换——的前兆。不过，地磁场的两极倒转是一个极其漫长的过程，据一些学者推测，这个过程大约需要5 000～7 000年才能完成。

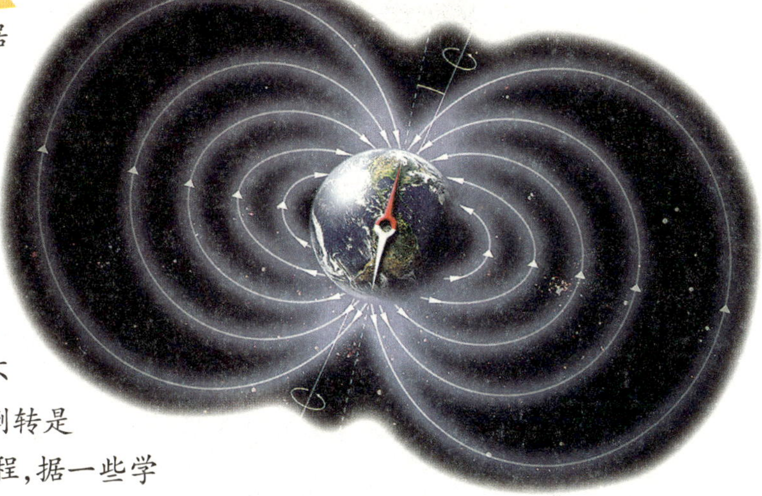

↑ 地球是一个被磁场包围的星球，它的周围存在着看不见的磁力场，这就是“地球磁场”。

← 在塞马湖上空发生的夜光云。

冰川消融

极轨卫星检测数据显示，从2003—2008年5年的时间里，由于受到全球气候变暖的影响，北极格陵兰岛、南极洲以及美国的阿拉斯加地区共有约20 000亿吨冰川融化。而且，这一融化的趋势丝毫没有变缓的迹象。这一现象再次呼吁人们高度关注全球气候变暖问题。

↓ 气候变暖导致冰川融化。

探测夜光云

2007年，美国国家航空航天局首次发射一颗专门的卫星，用于观测研究地球两极上空出现的神秘云团——夜光云。这些云近几年来出现异常变化，呈现越来越明亮，科学家认为，这与地球气候的变化有关系。

气象卫星

气象卫星是对地球及其大气层进行气象观测的人造地球卫星。它通过遥感器接收到地球及其大气中的可见光、红外线和微波辐射，接着将这些信息传送到地面接收站，接收站据此绘制出各种云层、地表和海洋表面的图片。根据这些，科学家就能预知天气的变化趋势。

气象卫星的出现

1958年，美国发射的人造卫星开始携带气象仪器。1960年4月1日，美国发射了世界上第一颗人造试验气象卫星“泰罗斯”。1960—1965年，美国共发射了10颗这种卫星，其中只有最后两颗才是太阳同步轨道卫星，这些卫星为美国提供了大量的气象资料。

组装中的“泰罗斯”

“艾萨”号气象卫星。

“艾萨”号

1966年2月3日，美国研制并发射了第一颗实用气象卫星“艾萨”1号，它是美国第二代太阳同步轨道气象卫星。1966—1969年，美国共发射了9颗，这些卫星的发射成功开辟了世界气象卫星研制的新领域，大大减少了由于气象原因造成的各种损失。

气象卫星观测的内容

气象卫星主要观测内容包括:①卫星云图的拍摄。②云顶、云量和云内的观测。③陆地表面状况的观测。④大气中水汽总量、湿度分布、降水区和降水量的分布。⑤大气中臭氧的含量及其分布。⑥太阳辐射和太空的红外辐射。⑦空间环境状况的监测。

美国气象卫星拍摄到的卡特丽娜飓风来临时海水涌动的照片。

地球静止轨道

地球静止轨道可以对地球近 1/3 的地区进行连续的气象观测，将资料及时送回地面。用 4 颗卫星均匀地布置在赤道上空,就能对全球的中、低纬度地区天气系统的形成和发展进行连续监测。可是它对纬度大于 55°的地区的气象观测能力差。

小航天员手册

世界上目前分辨率最高的气象卫星是美国国防部的气象卫星 DMSP，其飞行高度是 720 千米。它可以分辨出地面上油罐车大小的物体,而且可以利用月光来照明,在夜里拍摄可见光的照片。

中国“风云”系列气象卫星

我国幅员辽阔，是世界上自然灾害最严重的国家之一。在各类自然灾害中，气象灾害占70%以上。因此，防灾减灾及应对气候变化，对气象卫星应用提出了更高的要求，我国的气象卫星名为“风云”号。

“风云”一号A和“风云”一号B

从1988年9月7日开始，我国共发射了4颗“风云”一号气象卫星。其中，“风云”一号A和“风云”一号B是试验型的气象卫星，它们准确进入了太阳同步轨道，并且发回了高质量的气象信息。

“风云”一号气象卫星。

我国发射的“风云”系列气象卫星与欧美等国的气象卫星一起，形成了对地球大气、海洋和地表环境的全天候、立体、连续观测的卫星观测网。

“风云”一号C

“风云”一号C于1999年5月发射升空，它在轨运行的稳定性和获取数据的准确性得到广泛认可，世界气象组织于2000年8月正式将“风云”一号C星列入世界业务极轨气象卫星的行列。这是我国第一颗列入世界气象业务应用系列，为世界各国免费提供气象资料的卫星。

小航天员手册

“风云”二号卫星在全球气象卫星观测网中占有重要的位置，在世界气象组织的空间计划中，“风云”二号卫星被列为骨干业务卫星，承担为全球天气和气候观测的义务。现在，澳大利亚、日本、美国、欧洲以及东南亚的一些国家，包括我们国家的香港、澳门、台湾地区都在用“风云”二号探测的气象资料。

“风云”二号

“风云”二号气象卫星是我国自行研制的第一颗地球静止轨道气象卫星。计划发射5颗，其中包括两颗试验卫星（“风云”二号A/B）和三颗业务应用卫星（“风云”二号C/D/E）。现已发射“风云”二号A/B/C/D四颗。它们对暴雨、沙尘暴、大雾、草原和森林火灾等也有很强的监测能力。

“风云”三号

2008年5月，我国首颗新一代极轨气象卫星“风云”三号发射升空，它将在监测大范围自然灾害和生态环境，研究全球环境变化、气候变化规律和减灾防灾等方面发挥重要作用，也可为航空、航海等部门提供全球气象信息。

“风云”二号D发送回来的气象图。

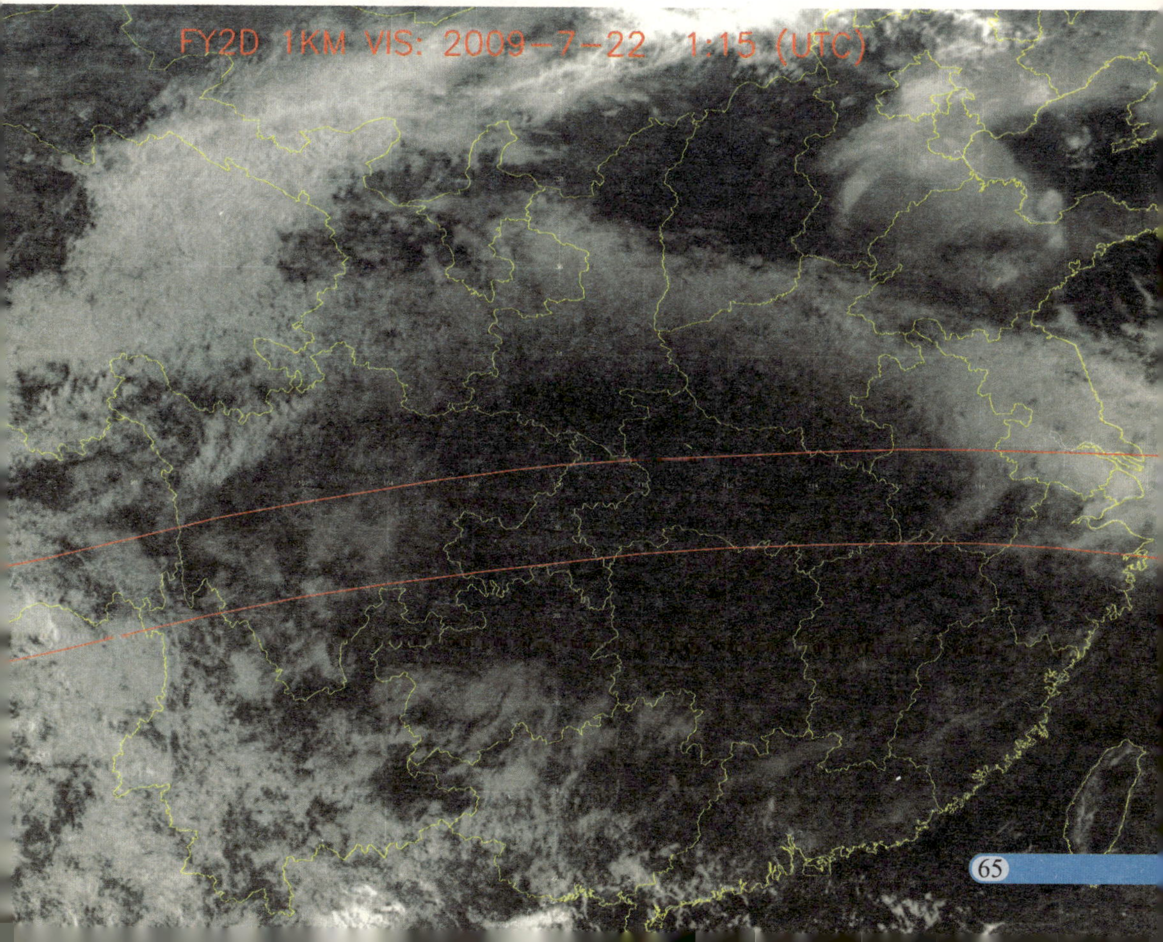

监测环境的卫星

地球静止环境卫星可持续不断地对同一地区观测，这对监视灾害性天气很有利。所以，美国、日本、欧空局、中国和印度等都相继发射了这种卫星，其中，美国的地球静止环境业务卫星发射最早，且一直居世界领先地位。

最初的发展

1966 年美国在原主要用于通信试验的“应用技术卫星”（ATS）上装载了云图相机，每半小时拍摄 1 次。ATS 卫星运行在地球静止轨道，其成功促使美国发展专门用于气象业务的地球静止环境业务卫星（GOES）。

→ 轨道卫星 GOES-12。

首颗 GOES

首颗 GOES 于 1975 年 10 月 16 日发射，该卫星仅重 294 千克，采用自旋稳定。截至 2001 年 7 月，该系列卫星已经发射了 12 颗，其中后 5 颗 GOES 为第 3 代地球静止环境业务卫星，重量增加到 2 105 千克。

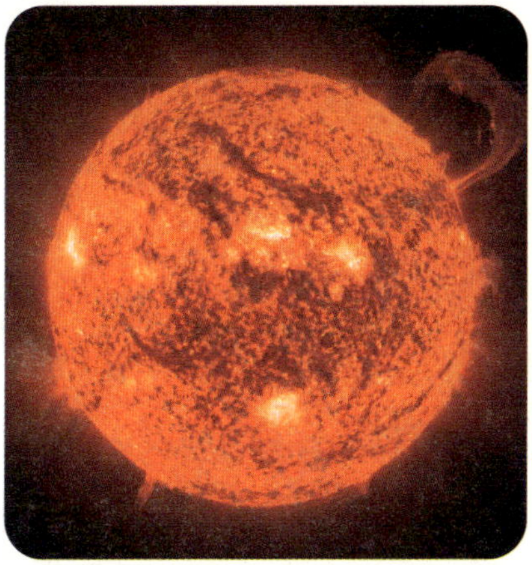

↑ 图片中的白色区域为太阳耀斑。

GOES－12

2001 年 7 月 23 日入轨的 GOES－12，除装有用于监视地球大气层的气象仪器外，还带有用于监视来自太阳大气层X射线的首台工作型仪器设备“太阳 X 射线成像仪”（SXI）。所以，这颗卫星除了用于探测地球气象环境外，还对太阳耀斑进行连续观测。

小航天员手册

北京时间 2009 年 6 月 28 日 6 时 51 分，美国航天局又发射了一颗环境气象卫星，这颗卫星被命名为“GOES－O”，其使用寿命约为 10 年。它将通过几乎不间断的观测，提供有关地球气候的声像信息，服务于美国的气象预报及气候科研工作。

里程碑的意义

GOES－12 可对太阳的炽热大气每分钟拍摄一次，为美国提供最新的太阳耀斑信息。太阳耀斑会中断卫星和其他电子敏感系统的工作，而获取太阳耀斑信息有助于精确预报地磁风暴和太阳辐射风暴，所以，“太阳X射线成像仪”具有里程碑的意义。

↓ 轨道卫星 GOES－12 所拍摄的飓风照片。

太空监测

1994年夏天的彗星与木星相撞和2000年的小行星与地球擦肩而过，至今令科学家们心有余悸。因为如果这些天体撞到地球上，可能会给地球带来巨大的灾难。目前，人类能够做的只有提早发现这样的小行星，以便留给人类足够的应变时间。

搜寻近地天体

20世纪70年代初，位于加利福尼亚的帕洛玛山天文台上有一台照相望远镜被专门用于搜寻近地天体。天文学家们每隔半小时对同一块天空照相。如果小行星离地球较近，就能相对背景恒星作显著的移动。如果望远镜的口径足够大，这种运动很容易从多次曝光的底片中识别出来。

小航天员手册

现在人们已有能力通过事先观测、预警及空间拦截等手段，防止小行星撞击的发生。比如可以发射载核弹头的宇宙飞船，提前与小行星相撞，使之偏离轨道，确保地球安全。还有就是利用光学镜对准小行星照射，使之燃烧，从而改变其质量，使之偏离轨道。

海尔望远镜位于帕洛玛山天文台，它用于观察近地天体。

CCD 技术的应用

20 世纪 90 年代，天文学家把电荷耦合器件（CCD）装在原来底片的位置上，通过这种方法，观测人员一晚就可能发现 600 颗小行星。在 CCD 技术开始普遍应用的 1994 年，亚利桑那大学天文台发现了一颗在距地球不到 105 000 千米处飞过的小行星。与此相比，月球离我们的距离都是它的 3 倍多。

CCD 是一种半导体装置，能够把光学影像转化为数字信号。CCD 上植入的微小光敏物质称做像素。一块 CCD 上包含的像素数越多，其提供的画面分辨率也就越高。

Near Shoemaker 飞船探测小行星。

登陆小行星

为了接近小行星，2000 年 2 月 14 日，美国太空总署将在太空遨游了 4 年的一艘飞船成功送入小行星爱神星运行的轨道，相关的探测有助于解开小行星的起源之谜，找到使地球免遭小行星撞击的办法。

我国的观测

近地天体观测工作一直是我国紫金山天文台的强项。紫金山天文台对小行星的观测开始于 1949 年，到该年 4 月，紫金山天文台发现的小行星已有 120 多颗获得国际永久编号和命名权。在全球 62 个天文台中，紫金山天文台发现的有永久编号的小行星数量名列第五。

紫金山天文台建成于 1934 年 9 月，位于南京市东郊风景优美的紫金山上。

深度撞击

2005年7月4日，由美国宇航局设计建造的人类首个彗星撞击器“深度撞击”号，成功击中“坦普尔”1号彗星的彗核表面，作为人类历史上史无前例的空间实验，它使得人们能够探测彗核的内部，分析其组成部分，从而了解彗星的演化过程。

开始“追星”之旅

“深度撞击”计划最早于1996年由3位美国科学家提出，1999年11月1日正式启动。2005年1月12日，“深度撞击”号彗星探测器成功进入太空，开始了自己的“追星”之旅。

“坦普尔”1号彗星。

卡纳维拉尔角“深度撞击”号彗星探测器发射场。

彗星探测器

“深度撞击”号彗星探测器由两部分组成，母船主要负责近距离观测撞击彗星的过程，并把观测结果和撞击舱的数据传回地球；撞击舱自带推进器和撞击定位感应装置，该装置一方面不仅能够帮助定位飞行轨道，还可以在接近彗星的过程中不断拍照。

撞击成功

在经过3次轨道修正后，撞击器最终成功击中了“坦普尔”1号彗星。根据推算，撞击使彗核表面留下一个约30米深、一个足球场面积那么大的深坑，彗核表面的细粉状碎屑腾空而起，可能有数十万吨之多，在太空中绵延数千千米。

↑ 在撞击“坦普尔”1号彗星前24小时，“深度撞击”号探测器将释放出撞击舱。图为“深度撞击”号释放撞击舱的模拟图。

★ 小航天员手册 ★

“坦普尔”1号彗星是在1867年由德国天文学家恩斯特·威廉·勒伯莱希特·坦普尔发现的，并以他的名字命名。由于该彗星运行轨迹和状态稳定，不会有很多新挥发的物质，利于观测，而且，它具有一定代表性，适合对所有彗星的研究，所以被人类选为撞击对象。

深度撞击的意义

深度撞击是人类预防小型天体撞击地球的一次有益尝试，它使人类为撞击小型天体积累了宝贵经验。让我们看到动用人类自己的力量避免天外灾难的希望。

↓ “深度撞击”号彗星探测器撞击彗星。

← “深度撞击”号彗星探测器撞击后的彗星。

探索太空环境

自从苏联宇航员加加林第一次进入太空以来，人类已经多次将宇航员送入太空，并安全地返回地面。之所以能做到这一点，当然离不开人类对太空环境的探索和掌握。和地球上的环境相比，太空的环境十分复杂。

极端温度

通过对宇宙大爆炸时遗留在太空的辐射的研究证明，太空的平均温度为-270.3℃。在靠近恒星周围温度又会变得很高，如果有行星围绕恒星公转，由于行星阻挡恒星辐射，又会出现较大温差。

小航天员手册

失重和微重力环境是航天器上最为宝贵的独特环境。在这种环境下，物质的物理特性会产生奇特的变化，科学家们则可以利用这些地面上难得的环境条件，进行许多地面上难以进行的科学实验。

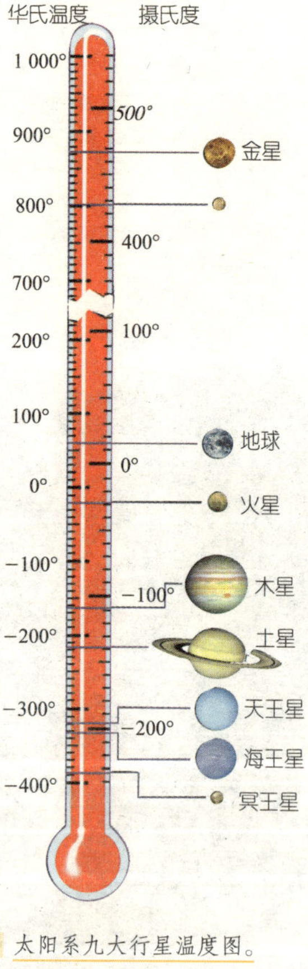

太阳系九大行星温度图。

宇宙大爆炸后，在宇宙中形成氢和氦两种元素，后来它们大多数逐渐凝聚成团，形成星系和恒星。现在，太空中的氢是最主要的，但非常稀薄，每立方厘米只有0.1个氢原子，可见，太空是一个高真空环境。

微重力环境

我们常说的“失重”状态是太空中的航天器的离心力和地球引力相抵消的时候，航天器就会处在这样一种状态，这就是太空中的微重力环境。航天器内的物体和人都会失去地心引力的作用而漂浮起来，不像在地球上那样有重力。

太空垃圾

在太空中除了高速运动的尘埃、微流星体和流动星体外，还有人类在太空中废弃的人造地球卫星等航天器，它们有的被人为遥控炸毁，有的自行分裂成碎片。这些碎片将在一定的时间内继续绕地球飞行，形成太空垃圾。太空垃圾的运行速度也较高，对使用中的航天器和在太空中活动的航天员会造成撞击威胁。

↑ 每一个点就是一个环绕地球运行的太空垃圾。

强辐射

在太空中，不仅有宇宙大爆炸时留下的辐射，各种天体也向外辐射电磁波，许多天体还向外辐射高能粒子。许多天体都有磁场，磁场俘获上述高能带电粒子，形成辐射性很强的辐射带，所以说，太空是一个强辐射环境。

↓ 美国和俄罗斯的空间科学家在1992年2月初宣布，他们发现了地球的第三条辐射带。新辐射带位于内、外范艾伦带中间，它的主要构成粒子是丢失一个电子的氧离子。

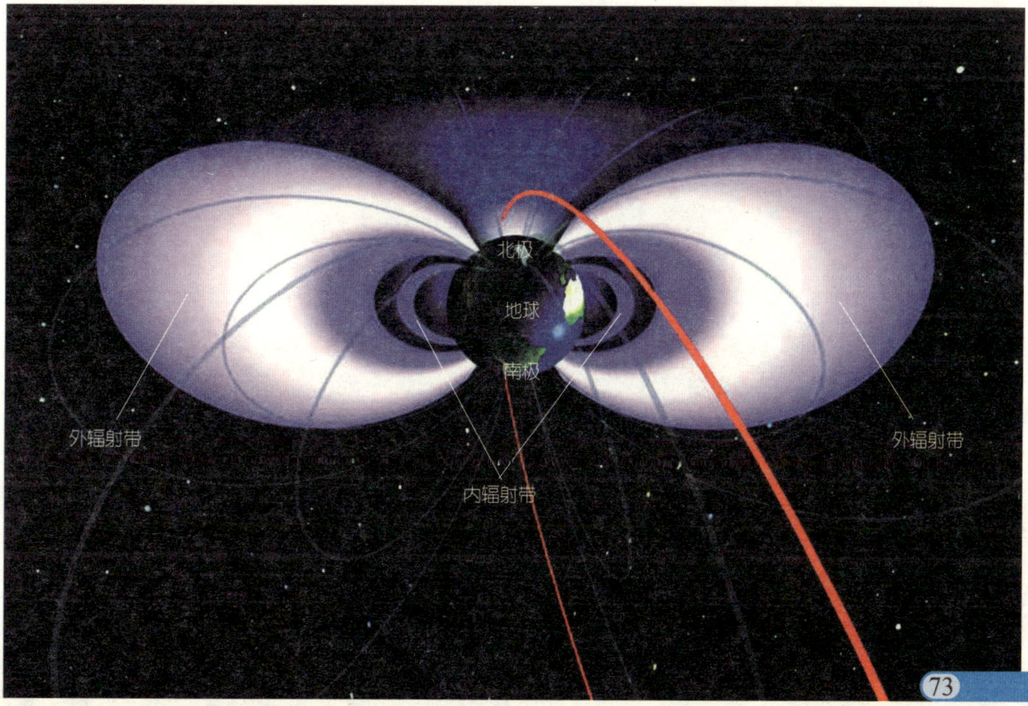

太空测绘

我们的祖先花费了1000多年才大致搞清楚海陆的轮廓，又花费了约300年，只对大陆的30%的面积进行了地理探险和地形测量；后来人们用传统的航空摄影技术测绘陆地70%的面积，只用了50年。现在采用遥感卫星，更是每天都在采集全球的图像和数据。

航天测绘

测绘，是指对自然地理要素或者地表人工设施的形状、大小、空间位置及其属性等进行测定、采集、表述以及对获取的数据、信息、成果进行处理的活动。航天地形测绘是利用人造地球卫星、宇宙飞船、航天飞机等航天器，对地球表面所进行的遥感测量。

↑ 人造卫星拍摄的圣海伦斯火山。

小航天员手册

过去，我国很多测绘成果都依赖外国的高精度的测绘卫星。目前，国家测绘局已申请发射测绘卫星，并获得国家同意，预计2010年这颗测绘卫星有望上天，而且精度能达到半米。

观测技术的发展

目前，卫星和地面观测及复杂的计算机模拟，在研究地球时发挥着不可替代的重要作用。特别是卫星航天技术形成的对地观测系统，能提供全球性、重复性的连续对地观测数据，这就使得我们有可能源源不断地获取地球随时间变化的几何和物理信息。

↓ 美国的"奋进"号航天飞机测绘的地形图。

卫星测绘

利用卫星测绘是目前最好的测绘方法，通过卫星获取的遥感影像，利用一整套技术方法，在取得新的影像图的同时，还能及时更新数据库的部分要素，如更新道路、居民点、植被覆盖等。同时可根据遥感影像的特点，对地物要素进行分类，制作专题图等，以满足不同使用者的需要。

→ 美国的“奋进”号航天飞机测绘地形时对肯尼亚山的特写镜头。

航天飞机测绘

2000年2月，美国的“奋进”号航天飞机发射升空，执行称之为“航天飞机雷达地形测绘使命”的空间飞行任务。此次航天测绘覆盖面积之广、采集数据量之大、精度之高在测绘史上是前所未有的。

巨大的信息库

“航天飞机雷达地形测绘使命”获得了超过地球大陆80%的地表高度变化测量数据，这是第一个涵盖全球绝大部分地区的信息库。

↓ 美国的“奋进”号航天飞机正在探测地形。

灾害预警

我国是一个自然灾害频发的国家，除现代火山活动导致的灾害外，几乎所有的自然灾害每年都有发生。灾害预警系统的建立为人们减灾、防灾提供了重要帮助，而卫星在灾害预警中则发挥了巨大作用。

台风预警

“浣熊”“凤凰”“森拉克”“蔷薇”……2008年登陆我国的台风个数比往年同期偏多，台风登陆强度也很强。但由于预报准确，防御措施到位，台风造成的危害小得多了。在这其中，气象卫星时刻密切监测、追踪台风动向，可谓功不可没。

← 台风预警信号共分5级，分别是白色、绿色、黄色、红色和黑色。黑色台风信号最强，表示热带气旋12小时内可能影响本地，平均风力12级以上。

↓ 气象卫星拍摄的台风的生成过程及它在海洋上空的运动过程。

火情监测

气象卫星火情监测在森林、草原防火工作中起着非常重要的作用。我国利用风云一号、风云二号等卫星资料监测全国及周边地区的森林、草原火情，提取火点、过火区等信息，及时向相关部门传送，为人们了解火灾发展态势，制定防火、扑火决策，分析火险天气提供了大量信息。

海啸预警

2004 年的印度洋海啸给其沿岸国家带来了巨大的人员伤亡和财产损失，自此这些国家开始重视海啸预警系统的作用。而美国、日本早就建立了海啸预警系统，通过利用卫星对全球的监测，及时发布海啸警告，可以有效地降低灾难对人们带来的危害。

↑ 海啸发生时掀起的巨浪，会淹没房屋、公路等建筑设施。

小航天员手册

2006 年，俄罗斯发射了一颗名为“罗盘”2 的科学卫星，该卫星的任务是试验一些观测地震前地球磁层和电离层特有现象的科学仪器。俄罗斯还计划建立名为“火山”的地空灾难预警系统，对地球各类灾难进行短期、中期和长期预测分析。

地震预警

美国地质研究所地震学家为防范突如其来的强烈地震，目前已研制出一套卫星地震预警系统，可以在地震发生时同步测出的地震震波，然后发出警报，并迅速传送出去。此系统可以争取到 30 秒的紧急应变时间，供灾变救难组织发挥功效，缩小伤害范围。

损失估计

科技发展到今天，人类还是不能完全、准确地预报灾害。因此，在灾害发生后，快速获取灾情是正确、高速地进行救灾决策，有效减轻灾害损失的手段。而对受灾情况的正确估计可以为重建工作提供科学依据。卫星遥感技术在灾后损失估计方面发挥着重要作用。

洪涝灾害

遥感技术在洪涝灾害中的应用比较广泛，其主要是用卫星测绘的数据，提供详细的有关道路、沟渠和大堤等基础设施的受损信息。在 1993 年美国密西西比河的大洪灾期间，地球卫星快速提供了洪水淹没图，灾后几个月内，人们还利用卫星数据建立了洪灾分布图库，估计了灾害损失。

↑ 过去，美国的密西西比河经常泛滥，对人们的生命财产造成很大的危害。图为 1927 年密西西比河洪涝的情景。

地震

卫星遥感技术在地震监测方面也发挥着重要作用。2001 年，萨尔瓦多发生了 7.6 级地震。人们马上利用卫星数据绘制了地震灾情图，从图上可以及时估计出受灾范围、生命线损害情况以及受灾区的各种地物类型，为救灾工作提供了及时的帮助。

← 萨尔瓦多地震后的情景。

滑坡和泥石流

2000 年，我国的西藏易贡发生了滑坡，科学家利用卫星遥感技术进行了动态监测，用图像清楚显示了受灾范围、受灾对象以及灾后受损情况，为救灾提供了一定的依据。

小航天员手册

2008 年 9 月 6 日，我国采用一箭双星方式成功发射了环境与灾害监测预报卫星 A、B。其中，B 星上的红外相机，是国内卫星上可探测地表温度最高的相机，适用于对森林火灾及走势、火山爆发等灾害的监测。并且对于旱、雪灾、地震、辐射、热污染等的发生、评估等发挥重要作用，并可进行夜间探测。

提供帮助

2009 年 2 月，澳大利亚维多利亚州发生了特大火灾。应澳方请求，我国用环境与灾害监测预报卫星 A、B 星迅速准确地拍摄了澳大利亚火场的光学、红外和雷达图像。经国内技术人员处理后，形成卫星监测图像提供给澳大利亚。澳大利亚科学家据此绘出了火点的位置和移动方向图，极大地帮助了澳大利亚有关部门的灭火行动。

正在遭受山火肆虐的澳大利亚维多利亚州的山林。

环境污染监控

随着社会经济的发展，人类制造的污染物已经成为影响地球健康的最大威胁之一。治理环境污染已经成为人们刻不容缓的任务。然而，只有了解了地球的环境状况，才能有针对性地制定具体的治理方案，于是人们通过人造地球卫星来帮忙。

环境卫星

2002 年，欧洲宇航局发射了一颗地球环境监测卫星，这是欧洲迄今为止建造的最大的环境卫星，有助于科学家监控地球污染状况，并可传回地球生态系统间相互作用的相关精确数据，找到地表污染源与污染原因。

↑ 为研制这颗目前世界上体积最大、功能最先进的地球环境监测卫星，欧洲航天局投资了 23 亿欧元，用了 10 年多的时间。

↓ 简称为“ENVISAT”的地球环境监测卫星装有大量先进的环境监测仪器。

工作原理

地球环境监测卫星的工作原理是，对地球反射的光线进行测量。大气层中的不同气体成分有着各自典型的光谱吸收模式，卫星上搭载的“大气层制图扫描成像吸收频谱仪”就是利用这一点来测定各种污染物浓度的，它可以运用大约 8 000 种色彩来表示不同的气体和浓度，从而帮助科学家了解世界各地的大气情况和污染发展趋势。

巨大的作用

地球环境监测卫星可观测地球变暖、臭氧减少、海洋变化和冰层、植被消亡等现象，并且还能帮助科学家分析研究地表荒漠、火山爆发、洪水与厄尔尼诺等形成的原因。此外，环境部门可以借助这颗卫星获得非法开垦热带雨林的图像信息。

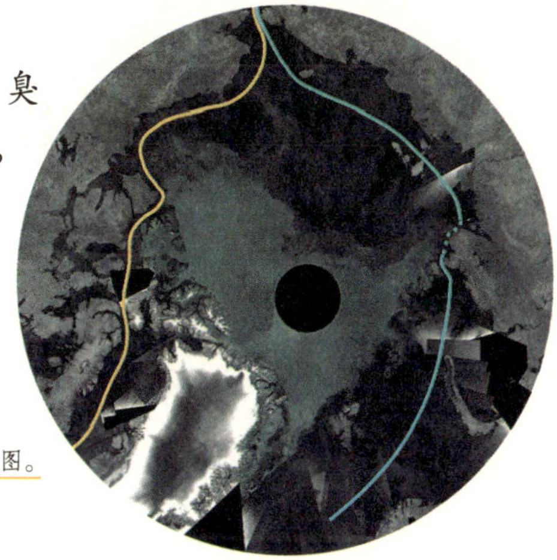

环境卫星的卫星图像合成的夏季北极海冰覆盖图。

监测溢油污染

海上溢油污染是最常见的海洋污染之一。某些气象卫星和陆地资源卫星的数字资料经过各种处理就可以分辨出各种船舶溢油(原油、重柴油、轻柴油、润滑油等)，利用卫星影像可以解译出溢油的分布、位置、面积、扩散漂移方向和速度、对油膜相对厚度进行分区，利用连续几天的卫星影像就可以推测油源，根据这些信息，人们可以积极采取措施，清除污染。

海上溢油不仅破坏海洋环境，而且还存在发生火灾的危险，因此，一旦出现溢油事故，一方面要尽可能缩小污染区域，另一方面要迅速消除和回收海面上的浮油。

小航天员手册

欧洲的地球环境监测卫星有14个国家的100多家公司参与，其传回的图像的“精确度”很高，不仅能显示出全球大气二氧化氮的含量，还可以确定这些二氧化氮具体是从哪座城市排放出来的。

监测冰山的卫星

冰山是海洋中漂浮的大块淡水冰，它们常常会给附近海域航行船只的安全造成巨大威胁。因此，科学家利用遥感卫星来追踪冰山的行踪，不但可以及时通知船只避险，而且还有助于全球气候变暖问题的研究。

冰体融化，海水上涨

科学家们通过卫星监测和分析研究后认为，最近十年，全球变暖越来越严重，造成南极冰体融化，脱离了原为一体冰层的冰和冰水不断向海洋漂流，使海水迅猛上涨。尤其是最近两年，冰体融化的速度几乎是过去的8倍。

→ 正在融化的冰山。

↓ 罗斯冰架是一个巨大的三角形冰筏，几乎塞满了南极洲海岸的一个海湾。它宽约800千米，向内陆方向深入约970千米，是世界上最大的浮冰，其面积和法国相当。

发现最大冰山

2000年，科学家利用欧洲“恩维赛特”号遥感卫星追踪观测到迄今为止发现的最大冰山，并借助卫星上的高精度温度探测器获得了冰山图像。这座编号为 B15 的冰山是2000年3月从南极洲罗斯冰架上脱落的。它长约300千米，宽约40千米，是迄今为止发现的从南极洲分离的最大冰山。

难以消失的冰山

当有新的冰山诞生时，科学家会利用卫星遥感技术一直对其追踪观测，他们认为，大部分冰山距陆地比较遥远，除会对一些为极地考察运送给养的船只构成危险外，对陆地居民基本没有什么危险。专家指出，一般情况下，只要不离开极地的冰冷水域，冰山历经数年都不会消失融化。

小航天员手册

2007年，科学家通过最新卫星图像发现南极洲的冰雪消融是近30年来最严重的。目前美国宇航局等科研机构正在密切关注南极洲的构造及气候变化，科学家担忧南极的变化将导致海平面迅速上升。

关注冰山

2006年9月至2007年10月间，欧洲航天局发射的“恩维赛特”号卫星拍摄了一组照片，这组照片清晰地显示出南极洲一座冰山从其母体冰川上断裂，并漂向大海的过程。后来，这座冰山还分裂出一些小冰山。由于担心它们对过往船只造成威胁，科学家一直密切关注这些冰山的动向。

ERS-2号遥感卫星观测南极的冰山。

探测宇宙射线

宇宙射线是来自于宇宙中的一种具有相当大能量的带电粒子流，它们无偿地为地球带来了日地空间环境的宝贵信息。世界各国纷纷展开研究。虽然宇宙射线的起源尚无定论，但科学家们仍然逐步了解了宇宙射线的种种特性，以及对地球和人类环境的影响。

宇宙射线的发现

1912年，德国科学家韦克多·汉斯带着电离室在乘气球升空测定空气电离度的实验中，发现电离室内的电流随海拔升高而变大，从而认定电流是来自地球以外的一种穿透性极强的射线所产生的，于是有人为之取名为"宇宙射线"。

卫星探索宇宙射线。

全面的观测

位于太空中的卫星在探测宇宙射线方面有着得天独厚的优势。因为当宇宙射线到达地球表面时会被大气层吸收一部分，所以，建立在地面的观测站不能全面探测宇宙射线，而位于太空中的卫星则避免了这一缺陷。

在整个银河系里，宇宙射线等离子体和恒星、气体物质一样环绕银河系中心旋转。下图是银河系图片，地球周围的宇宙射线来自这些密密麻麻的亮点之中。

促使地球变暖

科学家认为，温室效应可能并非全球变暖的唯一罪魁祸首，宇宙射线有可能通过改变低层大气中形成云层的方式来促使地球变暖。

气候变暖会加速两极地区的冰川消融。

小航天员手册

宇宙射线主要是由质子、氦核、铁核等裸原子核组成的高能粒子流，也含有中性的γ射线和能穿过地球的中微子流。它们在星系际银河和太阳磁场中得到加速和调制，其中一些最终穿过大气层到达地球。

导致生物灭绝

几位美国科学家还认为，宇宙射线很有可能与生物物种的灭绝与出现有关。他们认为，某一阶段突然增强的宇宙射线很有可能破坏地球的臭氧层，并且增加地球环境的放射性，导致物种的变异乃至于灭绝。

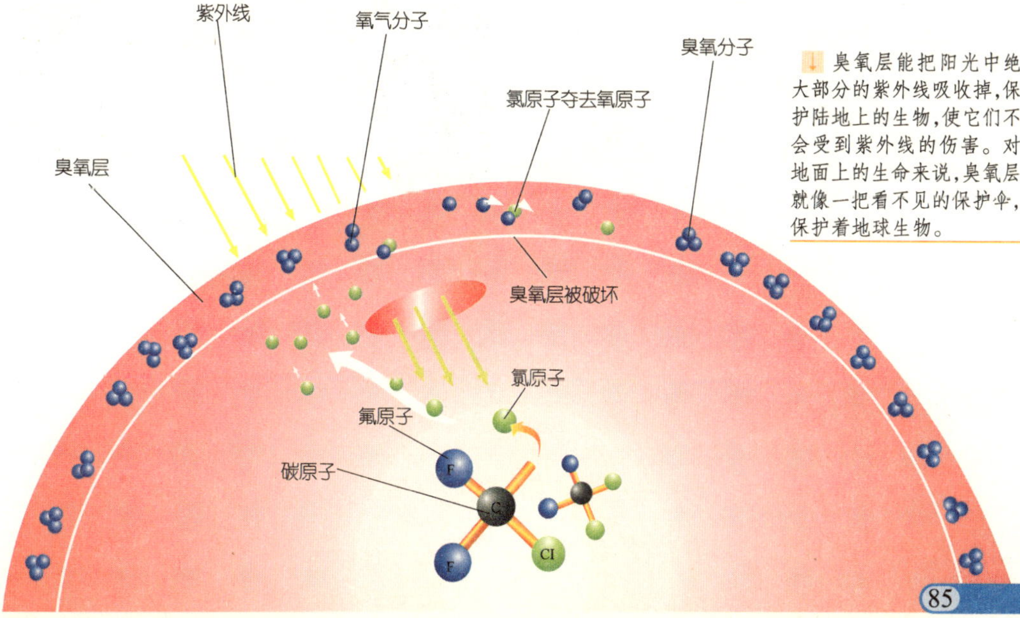

臭氧层能把阳光中绝大部分的紫外线吸收掉，保护陆地上的生物，使它们不会受到紫外线的伤害。对地面上的生命来说，臭氧层就像一把看不见的保护伞，保护着地球生物。

太空旅行

航天技术发展到今天，人类已经多次进入了太空，但对于普通人来说，太空旅游仅仅是一个梦想。去太空旅游，观赏太空神奇的风光，体验失重的感觉，会令每个旅游者激动不已，因为这是一种前所未有的体验。

健康的身体

太空游项目始于2001年，虽然对进行太空旅游的游客技术方面要求不高，但有一个条件是必需的，那就是健康的身体。第一位太空游客为美国商人丹尼斯·蒂托，第二位太空游客为南非富翁马克·沙特尔沃思，第三位太空游客为美国人格雷戈里·奥尔森。

小航天员手册

为了保持在太空旅游领域的优势，美国“太空冒险”公司还宣布了“月球旅游”计划。按照这个计划，游客将首先前往国际空间站，在站内停留一周之后再乘坐“联盟”飞船前往月球，在离月球160千米的轨道上空近距离地欣赏“月景”。

↑ 丹尼斯·蒂托花了近两千万美元到太空完成了8日旅程。

轨道飞行

轨道飞行是真正意义上的太空旅游。能够实现轨道旅游的目前主要是国际空间站，可供游客往返空间站的“交通工具”主要是俄罗斯“联盟”飞船和美国航天飞机，但赴空间站一游“票价”太贵。

↑ 抛物线飞行并非真正意义上的太空旅游，它只能让游客体验约半分钟的太空失重感觉。

准太空游

由于真正意义上的太空旅游太贵，因此一些机构和企业将目光投向了各种“准太空游”。“准太空游”主要包括飞机的抛物线飞行、接近太空的高空飞行和亚轨道飞行。用来实施这种旅游的飞机有俄罗斯宇航员训练用的“伊尔-76”，“米格-25”、“米格-31”高性能战斗机和美国的私营载人飞船“宇宙飞船”一号等。

体验失重

抛物线飞行只能让游客体验约半分钟的太空失重感觉。高空飞行能让游客体验身处极高空才有的感觉。当游客飞到距地面18千米的高空时，便可看到脚下地球的地形曲线和头顶黑暗的天空，体会到一种无边无际的空旷感。亚轨道飞行能使人产生几分钟的失重感觉。

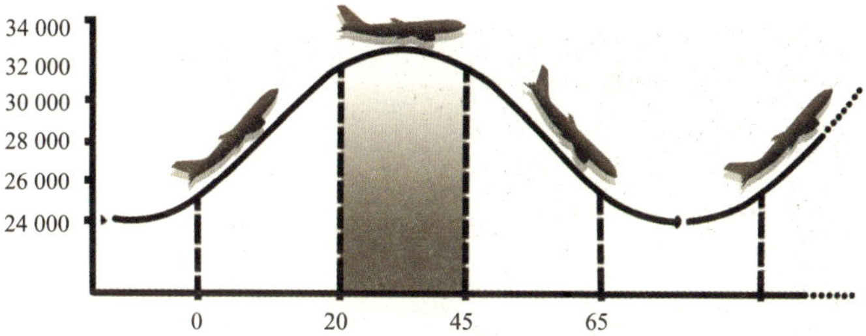

↑ “伊尔-76”训练机抛物线飞行图解。

↓ 游客在准太空游可以体验航天员在太空失重的感觉。

太空工厂

在太空建立工厂，是航天技术发展的一个目标。太空拥有微重力、高真空、超洁净和丰富的太阳能等宝贵资源。在太空工厂里有助于人类进行更广泛领域的新材料加工，细胞、蛋白质晶体的生长与培养，还能生产出更多更有价值的新物质。

生产任务的类型

未来的太空工厂生产任务分两种类型。一是利用零重力、高真空的空间环境，生产地球上急需的优质大型单晶体、火箭和航天器用的高强度复合材料、光学仪器用的高级玻璃、原子反应堆用的耐高温金属材料及高纯度药品等。二是开发月球或其他行星上的原材料，生产空间用的大型结构，如光学与射电天文观测仪器、远空间研究实验室、太阳能发电站和永久性空间住宅等。

← 想象的太空工厂图(上)和设想的太空工厂示意图(下)。

提高晶体的完善性

20世纪70年代，美国在“天空实验室”上的试验表明，天上生产的单晶体可比地面上的大10倍。用这种大型、高质量的单晶体制作成单片晶体的计算机，有利于提高计算机的可靠性、存储容量和运算速度。大型高质量单晶体用于固体激光器中，可大大提高功率。

生产“陶瓷金属”

太空环境中的微重力、真空、无菌等条件可以创造出无数奇迹。在地面工厂熔炼合金，由于金属成分的密度不同，重金属会下沉，使炼出来的合金内部成分不均匀。可是在太空中，地球重力几乎觉察不到，连陶瓷粉末也能和镍融合在一起，形成耐高温、超硬度的“陶瓷金属”。

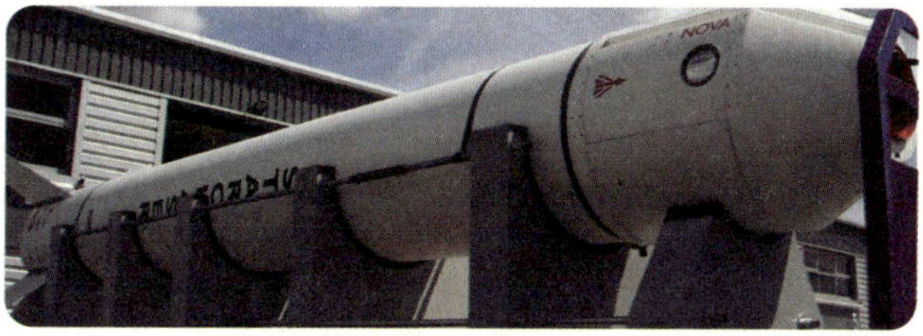

↑火箭的外壳是用陶瓷金属制作的。

小航天员手册

利用外太空进行商业化活动，是人类文明发展的必然趋势。在未来十年内，人类或许将登上月球以外的其他小行星。美国航天界曾预言，在不久的将来，将有在地球与近地轨道之间航行的新型航天货运客机问世，把在太空中生产的新材料运回地面。

药品的生产

外太空环境的奇特性不光在集成电路、农业育种等领域得到广泛利用，它同时也为生物材料加工提供了更高更快的分离纯度和速度，由此人们可以生产出大量新的高纯度的珍贵药物，癌症、艾滋病等现代医学尚未攻克的疾病或许有望不再成为绝症。

↓用航天飞机来运送太空工厂的产品。

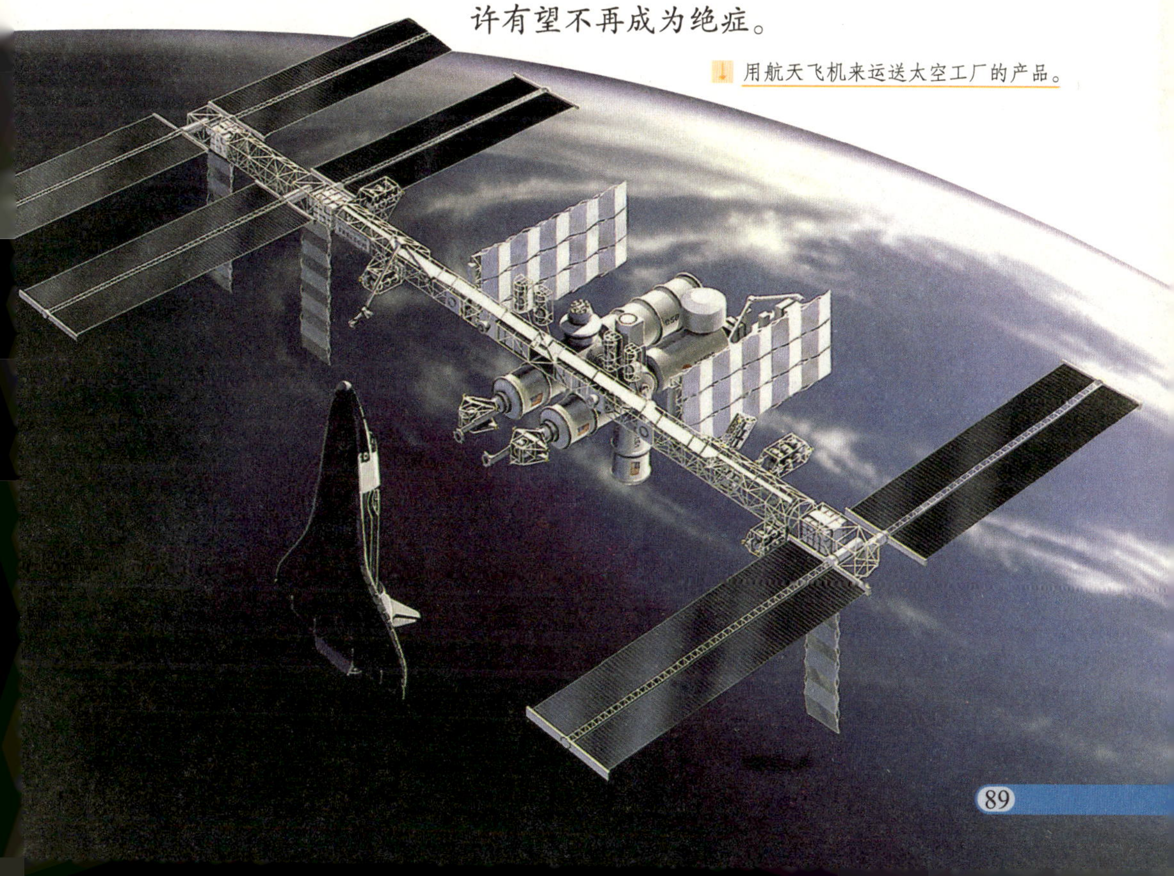

航天产业

航天应用产生了航天产业，这个产业是一个集各项高科技于一体的尖端产业，它的发展不仅可以使太空成为人类理想的超级旅游基地、超级生产基地，还可以成为超级科研基地等。这对带动科学技术发展和国家综合实力提升有不可代替的作用。

太空旅游业

很多人都对太空旅游热情高涨，据一项调查表明，60%的美国人、70%的日本人和43%的德国人都希望有朝一日能够到太空中去玩一趟。有20%的美国人愿意花费4年的收入进行一次为期6天的月球之旅。

小航天员手册

录像机和尿不湿是航天技术转化为民用中最典型的例子。美国人为了拍摄航天员登月过程专门开发了录像机，该技术民用后迅速形成一个利润丰厚的产业。而尿不湿最开始也是为航天员服务的。

太空农业

与普通蔬菜相比，“太空蔬菜”营养含量更高，很好种，抗寒、抗虫、抗病毒、抗旱、抗涝、抗病能力明显增强，且亩产量大。迄今为止，太空育种已经为人类带来40亿千克太空粮食。可见，利用太空的特殊环境，可以使我们的农业发生革命。

“太空蔬菜”已经变成了现实。图片为用太空种子培养的南瓜、西红柿和茄子。

太空工业

发展太空工业，可以制造出地球上的传统工业、制造业难以匹敌的高品质的工业产品，所以，很多科学家把太空看做是获取新工业材料、新生物制品的理想生产基地。“物以稀为贵”，“物以精为贵”，太空工业有着非常广阔的发展前景。

“阿波罗”的贡献

美国的“阿波罗”登月计划耗资240亿美元之巨，但这个计划为美国培养了一代高水平科学家。这些科学家的相关科研成果转化为民用后，市场回报高达1∶9！

阿姆斯特朗是踏上月球土地的第一人。他在月球上留下了人类的第一个脚印，长约32.5厘米，宽约15厘米，深3毫米。这是他在月球上迈出的一小步，却是人类航天史上的一大步。

执行阿波罗17号任务的三位宇航员阿姆斯特朗(左)、科林斯(中)和奥尔德林(右)。

寻找外星人

当人类走出地球、走入太空时，才发现宇宙是如此的浩瀚，人类不禁开始思考，在这个空间的某个地方，是否存在着一个与地球相似的星球，上面生活着和人类相似的生物？于是，人类开始寻找外星人。

地外文明

人们将地球以外的其他天体上可能存在的高级生物的文明，叫做地外文明。在浩瀚的宇宙中，仅银河系中就有6.5亿颗行星可供人类居住，具有地球文明的天体数目就有几千到10万个。人们把外星生物称作“宇宙人”或“外星人”，他们具有与人类相似的高度智慧。

小航天员手册

1959年，美国天文学家弗克·德雷克首次启动了探寻地外文明的“奥兹码计划”，利用射电天文望远镜，来截获外星智能电讯。这是人类对外太空探索的一次重要尝试。但是在16年间，这一计划都没有什么真正的收获，最后不得不以失败而告终。

世界上唯一对外开放的飞碟博物馆，位于美国新墨西哥州，占地7 000多平方米。馆内陈列着世界各国出版的有关飞碟的杂志和文章，实物馆展出飞碟和不明飞行物的相关对象40余件。

飞碟被认为是外星人的飞行器。

神秘的飞碟

现在，地球上很多地区的上空都出现过神秘的飞碟现象，最早关于飞碟现象的记载出现在1878年1月，当时美国的150家报纸登载了得克萨斯州的农民马丁看到空中有一个圆形物体，报道中称这种物体为“飞碟”。现在很多国家都建立了自己的飞碟研究组织。

三种途径

现在人们通过多种途径考察地外文明，主要说来有以下三种：第一，是从身边入手，寻找太阳系中的生命；第二，是根据太阳系的特征，寻找与之相似的星系，看其中是否拥有与地球环境相似的星球；第三，就是发射和接收辐射信号，在这方面人类还是有所收获的。

→ 复活节岛上的巨人像，面孔像是白种人，但是岛上没有水源没有树木，它们是如何建造的成为了不解之谜，于是有人就怀疑这些石像是否和地外文明有关。

来自外星的信息

在人类不断寻找外星生物的同时，外星人似乎也在寻找人类。1924年，美国天文学家就收获了一组来自火星的信息。1965年，苏联无线电天文学家侦测出来自飞马星座的无线电波，但是由于人类的科技水平有限，这些信息都没能破解出来。除了信息，还有信件、实物等，不过这些事情都难辨真伪。

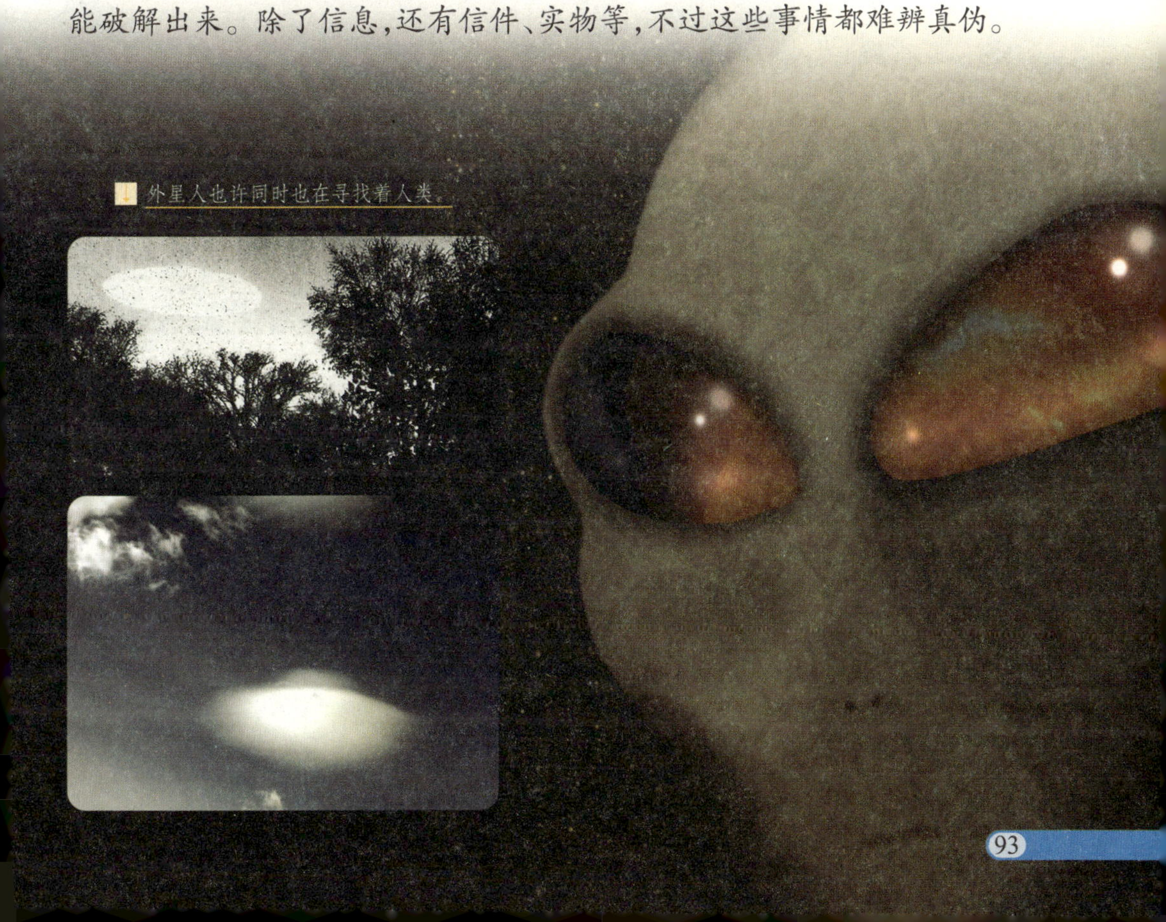

↓ 外星人也许同时也在寻找着人类。

未来航天应用

人类对太空的探索才刚刚起步，航天技术虽然说已经取得了一定的成绩，但还是有很大的发展空间。未来的航天应用正向更高级的探索能力、更快的信息传递速度等方向发展，在太空中，人类将走得越来越远，对太空的了解也越来越多。

探索太阳

2012 年将是下一个太阳活动峰年。我国科学家设想在 2012 年实施“夸父计划”，该计划由三颗卫星组成，其中 A 星用来全天候监测太阳活动的发生及其伴生现象，另两颗卫星 B1 和 B2 用来监测太阳活动引起的地球近地空间环境的变化。“夸父计划”能帮助人类对太阳活动进行预测预报，从而采取相应的防护措施。

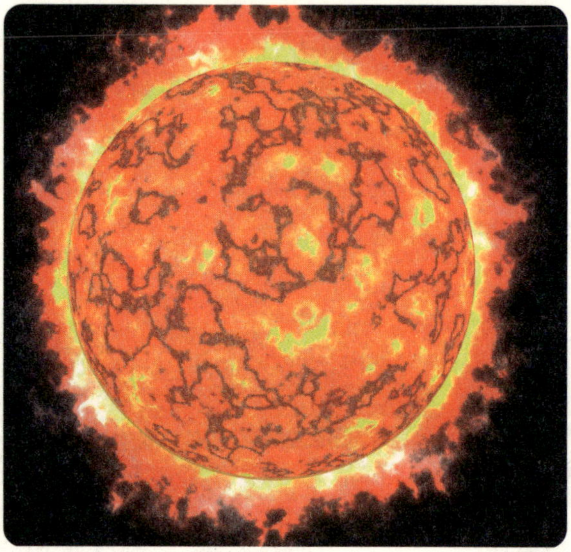

我们在地球上看到的太阳似乎很平静，实际上它无时无刻不在发生剧烈的活动。

小航天员手册

在太空中建立城市，一直是人类的太空梦想。随着科技的发展，太空城的构想也在一步步向现实发展。将来，在太空中会有供人类居住的城市，还会有太空工业城、太空农业城、太空科研城等。各个太空城之间也会有方便的太空船和太空列车。

建造大型平台

在空间结构上，可以安装太阳能电站以及作为地球同步轨道上的大型平台，平台上可容纳足够的通信设备和大型轨道天线，这将大大提高卫星的通信能力，也将成为探索更远宇宙空间的太空基地。

火星基地

火星与地球是近邻，它上面的环境与地球也很相似。人类计划在21世纪中叶，建立起具有相当规模的“火星城”，届时将会有大批的地球人在上面工作、居住。但火星上面的环境与地球差异很大，因此在建立真正的火星基地之前，人类还需要克服很多困难的。

↑ 艺术家想象的火星城。

利用太阳风

太阳风就是人们常说的太阳光辐射。科学家们想到利用“风帆”的原理，来借助这种太阳风的力量，发明一种太阳帆船。只要这面帆的面积足够大，就能够产生足够的推力。并且在太空中，太阳可以源源不断地向帆船提供动力，帆船就可以不断得到均匀的加速，驶向太阳。

↑ 太阳风帆。

图书在版编目（CIP）数据

造福人类：航天应用篇/畲田 主编. —西安：西北工业大学出版社，2009.10（2013.7重印）
（青少年国防科技知识普及丛书）
ISBN 978-7-5612-2654-4

Ⅰ. 造… Ⅱ. 畲… Ⅲ. 航天工程—青少年读物 Ⅳ. V4-49

中国版本图书馆 CIP 数据核字（2009）第 175372 号

青少年国防科技知识普及丛书

造福人类——航天应用篇

策划编辑：李 杰 雷 军
图文编排：张艳玲 高 云
责任编辑：张 友
出版发行：西北工业大学出版社
通信地址：西安市友谊西路 127 号 邮 编：710072
电 话：(029) 88493844 88491757
网 址：www.nwpup.com
印 刷 者：陕西长盛彩印包装有限公司
开 本：787mm × 1 092mm 1/16
印 张：6
字 数：100 千字
版 次：2009年10月第1版 2013年 7月第4次印刷
定 价：18.00 元